"三农"培训精品教材

无人机飞防手
培训手册

王庆和　侯学亮　贾欣娟　主编

 中国农业科学技术出版社

图书在版编目(CIP)数据

无人机飞防手培训手册 / 王庆和，侯学亮，贾欣娟主编. --
北京：中国农业科学技术出版社，2024.5
ISBN 978-7-5116-6773-1

I.①无… II.①王… ②侯… ③贾… III.①无人驾驶飞机-
应用-植物保护-技术培训-手册 IV.①S4-62

中国国家版本馆 CIP 数据核字(2024)第 075186 号

责任编辑　周　朋
责任校对　李向荣
责任印制　姜义伟　王思文

出 版 者　中国农业科学技术出版社
　　　　　北京市中关村南大街 12 号　　邮编：100081
电　　话　(010) 82103898 (编辑室)　　(010) 82106624 (发行部)
　　　　　(010) 82109709 (读者服务部)
网　　址　https://castp.caas.cn
经 销 者　各地新华书店
印 刷 者　北京中科印刷有限公司
开　　本　140 mm×203 mm　1/32
印　　张　5.5
字　　数　140 千字
版　　次　2024 年 5 月第 1 版　2024 年 5 月第 1 次印刷
定　　价　36.00 元

《无人机飞防手培训手册》
编委会

前　　言

　　我国是世界上的农业大国之一，拥有 18 亿亩基本农田。防治病虫草害的效率直接关系到粮食生产的效率。传统的施药方式依赖于人力操控地面设施，存在效率低下、人工成本过高等问题，甚至可能导致作业人员中毒。随着科技的发展，无人机植保作业逐渐成为一种新的解决方案，弥补了传统施药方式的不足。无人机植保作业以其高效、省时、省工的优势，为农民提供了更安全、更高效的植保方式。这种新型技术的应用，不仅提高了农作物的产量和品质，还有效地保护了生态环境，促进了农业的可持续发展。为了帮助相关人员更好地掌握无人机的操作技能，提高植保效果，我们特地编写了这本《无人机飞防手培训手册》。

　　本书针对实际需求，详细介绍了植保无人机的飞行操作、无人机植保实用方法以及安全事项，希望能够帮助他们更好地应对各种植保问题，提高作业效果。本书共六章，分别为无人机概述、植保无人机概述、植保无人机施药技术、植保无人机飞行训练、植保无人机飞防作业技术、植保无人机维护保养。

　　本书内容新颖，语言通俗，具有较强的实用性和可读性，适用广大农业技术人员、植保无人机操作人员、农业种植户等阅读，也可供高等院校植保、农药等专业师生参考。

　　由于时间仓促、水平有限，书中难免存在不足之处，欢迎广大读者批评指正！

编　者

2023 年 12 月

目　　录

第一章　无人机概述

第一节　认识无人机

一、什么是无人机

无人机是无人驾驶飞机的简称，也称无人飞机，是利用无线电遥控设备和自备的程序控制装置的不载人飞机。从某种角度来看，无人机可以在无人驾驶的条件下完成复杂空中飞行任务和各种负载任务，可以被看作"空中机器人"。

二、无人机的分类

近年来，无人机技术发展迅速，无人机系统种类繁多、用途广泛、特点鲜明。无人机在尺寸、质量、航程、航时、飞行高度、飞行速度以及任务等多方面都有较大差异。由于无人机的多样性，衍生出不同的分类方法，且不同的分类方法又相互交叉，导致边界模糊。

无人机可按照飞行平台的构型、用途、尺寸、活动半径、任务高度等方面进行分类。

按飞行平台构型分类，无人机可分为固定翼无人机、旋翼无人机、无人飞艇、伞翼无人机、扑翼无人机等。

按用途分类，无人机可分为军用无人机和民用无人机。军用无人机可分为侦察无人机、诱饵无人机、电子对抗无人机、通信中继无人机、无人战斗机以及靶机等；民用无人机可分为巡查/监视无人机、农用无人机、气象无人机、勘探无人机以及测绘无人机等。

按尺寸分类（民航法规），无人机可分为微型无人机、轻型无人机、小型无人机以及大型无人机。微型无人机是指空机质量小于或等于7千克的无人机。轻型无人机是指空机质量大于7千克，但小于或等于116千克的无人机，且全马力平飞中，校正空速小于100千米/时，升限小于3 000米。小型无人机是指空机质量小于或等于5 700千克的无人机，微型和轻型无人机除外。大型无人机，是指空机质量大于5 700千克的无人机。

按活动半径分类，无人机可分为超近程无人机、近程无人机、短程无人机、中程无人机和远程无人机。超近程无人机活动半径在15千米以内，近程无人机活动半径在15~50千米，短程无人机活动半径在50~200千米，中程无人机活动半径在200~800千米，远程无人机活动半径大于800千米。

按任务高度分类，无人机可以分为超低空无人机、低空无人机、中空无人机、高空无人机和超高空无人机。超低空无人机任务高度一般在0~100米，低空无人机任务高度一般在100~1 000米，中空无人机任务高度一般在1 000~7 000米，高空无人机任务高度一般在7 000~18 000米，超高空无人机任务高度一般大于18 000米。

第二节　无人机的飞行原理

一、空气动力学

（一）大气分层

无人机属于重于空气的航空器，在空间内飞行时，无人机的飞行状态离不开大气环境对无人机产生的影响。只有掌握飞行中大气环境的变化规律，想办法克服或减少飞行环境因素对无人机飞行产生的影响，才能保证无人机飞行的安全性和可靠性。

按照大气层随高度变化的特点，将大气层分为5层，分别是：对流层、平流层、中间层、暖层（电离层）和散逸层。

1. 对流层

对流层也叫变温层，是大气层中最低的一层。对流层底部紧贴地球表面，顶部在纬度不同地区，高度不同。

对流层的特点比较明显，在这一层大气中，有较强烈的垂直运动和水平运动的风。大气中的水蒸气及灰尘都集中于此，水蒸气随着冷热交替会产生雨、雪、霜、雹、云、雾等天气现象。对流层温度随高度增高而降低，高度每增加约1千米，气温下降约6.5℃。空气质量约占整个大气中的3/4。

2. 平流层

平流层也叫同温层，是对流层的上一层。平流层底部边界是对流层的顶部边界，顶部高度大约为50千米。平流层下部温度基本保持恒定，上部随高度升高而温度升高。平流层空气质量约占大气质量的1/4，该层没有垂直方向的风，只有水平方向的风。由于没有水蒸气，平流层不会存在雨、雪、雹、云、雾等天气现象，飞行能见度高，气流平稳，空气阻力小，是航空器飞行的理想环境。

3. 中间层

中间层是平流层的上一层。自50千米对流层顶部开始至顶部高度约为85千米。这一层空气质量约为大气质量的1/3 000，空气非常稀薄。中间层臭氧含量极低，特点表现为随着高度的增加，温度急剧下降，顶层温度可降低至-113.15～-83.15℃。中间层由于温度急剧下降，会产生非常强烈的垂直方向的风。

4. 暖层（电离层）

暖层也叫电离层，是中间层的上一层。暖层自中间层顶部开始至顶部高度最低约为 80 千米，最高可达 800 千米。这一层空气极其稀薄，声音无法传播，由于大量吸收太阳的辐射，温度很高，所以被称为暖层。暖层中的大气处于高度电离状态或完全电离状态，所以又被称为电离层。大气处于高度电离状态会有很强的导电性，能吸收、发射、折射无线电电磁波，对于无线电通信有很大意义。

5. 散逸层

散逸层又叫最外层，是大气层的最外一层。散逸层可向外一直延伸至 2 000 千米以外，这一层空气的特点为大气分子已几乎不受地球引力所吸引，不断向太空中逃散。

（二）空气的特性

1. 空气的连续性

空气是没有任何形状的，将空气存放在什么形状的容器中，空气就是什么形状，将容器开口置于空气中，空气总会填满这个容器。

研究无人机在空气中飞行时，一般将空气看作是连绵一片的、不会被切断的连续介质。当空气受到物体扰动而发生运动时，必然是一团气体一起运动。通常将这种概念称为空气的连续性假设。空气的连续性假设在研究无人机空气动力学与飞行原理时，意义非常重要。

2. 空气的密度

空气的密度是指在单位体积下空气的质量。空气的密度大说明单位体积的空气中含有的空气分子多，空气的密度小说明单位体积的空气中含有的空气分子少。

3. 空气的压力

空气的压力也叫空气的压强。其定义为：物体单位面积上所承受的垂直于物体表面的空气作用力。压强的单位是帕斯卡,简称为帕。

空气分子在大气中做不规则运动,所以空气压力是没有方向的。只要有物体触碰到空气,在这个物体的任何表面都有空气压力。气压计可用来确定无人机的飞行高度,在大气中大气压力随着高度的增加呈线性下降。当达到一定高度时,空气密度与压力较小,发动机功率与飞机升力会显著降低,这就是无人机性能中的一个重要参数:升限。

4. 空气的压缩性

空气的压缩性是指当空气的压强发生变化,其体积与密度随之发生改变的性质。不同物质的压缩性不同。液体和固体的压缩性很小,通常将液体和固体看成是不可压缩的;气体的压缩性很大,所以气体是可以被压缩的。

5. 空气的黏性

空气在流动过程中,质点之间相对运动产生内摩擦力的性质,称为空气的黏性。空气的黏性随着温度的变化而变化,温度越低空气的黏性越小,温度越高空气的黏性越大。

(三) 气流特性

流体是与固体相对的一种物体形态,有液体和气体两种。流体具有流动性,且没有形状。流体由大量的分子构成,分子做不规则运动。在空气动力学中,一般只研究气体的流动特性。为了方便在学习空气动力学中对一些基本名词的理解,下面将对这些名词进行解释。

1. 流体质点

流体质点又称“流体微团”,指一个体积很小但仍然大得足以满足连续介质假定的流体元。流体质点具有不随所取流体元的大小而变化的宏观流体属性,如平均密度、平均压强、平均速度等。

2. 连续介质

空气动力学中，连续介质是指将大量流体质点在空间内无间隙分布的一种假设，且质点具有宏观物理量。

3. 流线

流线是用来描绘流体质点流动状态的曲线。

4. 流场

连续介质模型描述的流体叫作流场，或流体流动的全部范围叫作流场。流体的压强、速度、温度、密度、浓度等属性都可以看作时间和空间的连续函数，可以进行定量描述。

5. 流管

在流场中取一条不是流线的封闭曲线，通过曲线上各点的流线形成的管状曲面称为流管。

6. 流体的黏性

流体内部各流体质点之间发生相对运动时，流体内部产生的摩擦力（即黏性力）的性质。

7. 理想流体

理想流体指的是物理学中一种设想的没有黏性的流体，在流动时各层之间没有相互作用的内摩擦力，是没有黏性且不可压缩的流体，这种流体的密度在流动中几乎没有任何变化。

8. 定常流动

流体中任何位置点的速度、压力、密度等物理参数，都不随时间的变化而变化，这种流动状态称为"定常流动"，或叫"恒定流动"。与之相反，只要其中任意物理量随时间的变化而发生变化，就称为"非定常流动"。

二、无人机飞行时的作用力

在人们生活的世界，四周都被空气环绕，而空气又具备一定的密度，因此在空中飞行的物体，可以感受到"相对风"的存在，将飞行物体向反方向推动，这种推动便是空气阻力。除了阻力之外，还有物体本身的重力、外部提供的升力和推进力等基本要素，如图1-1所示。

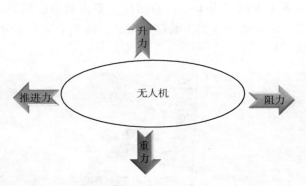

图1-1　无人机飞行时的作用力

1. 阻力

由于空气阻力的存在，无人机在飞行时会受到阻力的作用，导致其速度减缓，并增大了机身的能量消耗。

2. 重力

即地球对无人机的引力。重力作用使得无人机往下掉落或朝地面加速度运动。

3. 升力

通过无人机上安装的电机产生的旋翼的升力，这是无人机能够离开地面并保持在空中飞行的主要依靠。

4. 推进力

无人机在加速、爬升、转弯等动作时所产生的推力。

不论是普通的飞机还是无人机，所有的制造商都在竭尽全力减轻飞行器的重量，同时希望在推进力尽可能小的情况下获得最大的升力与最小的正面阻力。

三、固定翼无人机的结构和飞行原理

（一）固定翼无人机的结构

固定翼无人机（图1-2）的结构主要由机身、机翼、尾翼、动力装置、起降装置5个主要部分组成，这5个主要部分里包含很多组成部件。

图1-2　固定翼无人机

1. 机身

机身是整个飞行器的主体，主要作用是搭载任务载荷。此外，机身对于飞行器而言还有一个最重要的作用，就是将飞机上的各个部件，如机身两侧的机翼、后部的尾翼、发动机、起落架等连接起来，使其成为一个整体。

2. 机翼

机翼是固定翼无人机在飞行过程中升力的来源，是固定翼无人机的重要组成部分。机翼除了为固定翼无人机提供升力外，还

要负责控制无人机的横滚运动，而且合理的机翼结构设计还能起到稳定无人机姿态的作用。

在固定翼无人机的机翼上一般会安装副翼、襟翼、油箱、起落架、发动机等重要的无人机结构部件。操纵副翼便可实现无人机的横滚运动。放下襟翼时可以增大无人机的升力系数，提高无人机低速运动时（一般在起飞和降落过程中使用）的升力。由于机翼的内部是翼梁、桁条、纵墙、翼肋等框架结构，再覆之蒙皮组成的，所以内部有大量可以利用的空间。因此对于固定翼载人飞行器和大型的固定翼无人机，由于其机翼比较大，所以一般都会把油箱放在机翼的内部。而对于较小的无人机，由于其机翼体积太小，机翼内部空间也比较小，需要在有限的空间上增加机翼的强度，所以一般不会再在机翼内部设计油箱或者其他部件。由于机翼需要为飞行器提供升力，导致整个飞行器的重力都需要机翼来承载，因此机翼在设计时要有足够的强度，来满足飞行器在飞行过程中所承受的各种力。对于机翼而言，能够承载飞行器上所有的载荷只是对机翼最基本的强度要求，因此完全可以将较大的发动机安装在看起来轻薄的机翼上。对于有些飞机而言，机身设计得比较窄，如果将起落装置安装在机身上，一方面会占用机身十分有限的空间，进而影响到飞机机身的装载能力，另一方面也会导致飞行器在起飞和降落过程中，降低轮胎接触地面时候的机身稳定性，所以设计者会整体考虑飞行器的用途、机身大小，从而选择是否将起落装置安装在飞机的机翼下面。

根据固定翼无人机的用途不同，其机翼也会被设计成不同的形状、大小。

3. 尾翼

对于一般的固定翼飞行器而言，尾翼中含有垂直尾翼和水平尾翼，无论是垂直尾翼还是水平尾翼，都是由一个固定的安定面和一个可以操纵的舵面构成的。有了尾翼就可以对飞机进行俯仰和方向上的控制。操纵水平尾翼的舵面，可以实现固定翼飞行器的俯仰运动，水平尾翼的舵面通常被称为飞行器的升降舵。操纵垂直尾翼的舵面，可以实现固定翼飞行器在水平方向上的运动，从而改变航向。垂直尾翼的舵面通常也被称为飞行器的方向舵，一些飞行器会将方向舵与起落架连接起来，设置成同步运动的形式，这样一来在飞行器降落后，起落架与地面接触时，仅通过控制方向舵就可以实现飞行器在水平方向上的运动，矫正滑行时的航向。

当然，垂直尾翼和水平尾翼只是基础的尾翼结构，对于一些需要有高速运行的飞行器，设计者会将水平尾翼中的安定面和舵面合成一个一体式的全动平尾，甚至有一些飞行器会直接取消尾翼中垂直尾翼的结构，将水平尾翼和副翼结合起来，通过同时实现横滚和升降运动，从而达到改变飞行器航向的功能。

4. 动力装置

动力装置是为飞行器提供动力的装置，一般的动力装置都是由发动机带动螺旋桨或涡扇转动（涡喷发动机除外），为飞行器提供一个向前的动力，从而让固定翼飞机拥有向前的速度，进而产生升力。

5. 起落装置

飞行器的起落装置在飞行器起飞时通过轮胎在跑道上滑跑，减小摩擦力，从而快速提高飞行器的速度，使飞行器更快地达到起飞速度。在飞行器降落时，起落装置接地可以帮助驾驶员快速稳定飞机的姿态。在滑跑的过程中，轮胎一般会有辅助的刹车装置，能够快速降低飞行器的速度，飞行员也需要通过起落装置来校准飞行器在跑道上的航向。飞行器在停放的时候，都是起落装置在支撑着整架飞行器。

当然，飞行器上除了这 5 个基础的部分之外，根据飞机执行的任务需要实现的不同操作，在飞行器上还会搭载一些其他设备，例如各种仪表、通信设备、领航设备、安全设备等。

（二）固定翼无人机的飞行原理

固定翼无人机需要靠螺旋桨或者涡轮发动机产生的推力作为飞机向前飞行的动力，主要的升力则需要调整机体的形状（最大限度地发挥升力，最小限度地抑制阻力），使机翼与空气产生相对运动，凭借空气经过机翼表面来形成足够的上升气流。这一点和一般的飞机类似，因此起飞过程也与普通飞机无异，如图 1-3 所示。

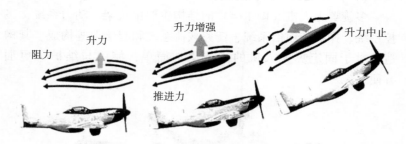

图 1-3 飞机的起飞过程示意

飞机在前进的时候，升力大小由多种因素决定。第一个要素是机翼的面积，被气流吹打的面积越大，产生的升力越大；第二个要素是速度，流经机翼的空气越快，上下的压力差也就越大，升力越大；第三个要素是冲角，也就是说，机翼的倾斜度在一定界线内，使机翼上面的气流通路变长，速度便增加，与机翼下的流速差增加，升力也就变大，因此冲角越大升力也越大。

飞机受到的阻力主要有 3 种，即摩擦力、形状阻力和诱导阻力，前两种是飞机与空气相互作用发生的，可以凭借航空科学的进步和机体流线型的调整而减小。诱导阻力则是机翼所产生的升力的副产物，这是发生升力必然付出的代价。因为升力是由于气压差所产生，但是同时也发生吹下或伴流之类的情况，这主要是在翼的尖端引起的，随着飞机的前进，机翼尖端便会产生螺旋状的气尾，将飞机向后拉，这就是所谓的诱导阻力。

传统中小型固定翼无人机由于机身尺寸和载重能力的限制，一般不具备搭载过大动力系统的能力，因此需要借助外力起飞，也就是手掷起飞和弹射起飞。

四、多旋翼无人机的结构和飞行原理

（一）多旋翼无人机的结构

多旋翼无人机（图1-4）的结构主要由机架、动力系统、飞控系统、操纵与通信系统、任务载荷系统和起落架等构成。其构造相对于固定翼无人机的构造更加简单，使用与维护也更加方便。

图1-4　多旋翼无人机

1. 机架

机架是多旋翼无人机重要的组成部分，机架的布局和材质对

无人机有着至关重要的作用，多旋翼无人机机架一般采用对称结构，各部分连接成一个整体的主干部分叫作机架，机架内可以装载必要的控制机件。

多旋翼无人机飞行过程中需要一个稳定坚固的平台，目的是在电机转动过程中吸收电机产生的震动，承受无人机内、外部对无人机产生的载荷，保护设备不被损毁。多旋翼无人机机架还需保证其重量足够低，这样可以给安装其他设备留有更多的余量。常见的多旋翼无人机根据螺旋桨数量布局可以分为三旋翼、四旋翼、六旋翼和八旋翼等。在开源飞行控制程序中通常分为两类：X 型和 I 型，也就是常说的叉形布局和十字形布局。以四旋翼为例，机头和机尾，可以根据机臂上的标志区分，一般情况下，无人机前端两个机臂会用红色等明显颜色标志。或者根据机臂下方的指示灯来判断，正常情况下，机头两端机臂的指示灯为红色，机尾两端的指示灯为绿色。

多旋翼无人机机架的材料主要有塑料机架和碳纤维机架两种。塑料机架的密度较小，刚度和硬度较小，制作工艺较简单，甚至随着 3D 打印技术的成熟，使用 3D 打印机就能够将机架一次性打印出来，降低了很多财力物力的损耗。而碳纤维机架也拥有着较小的密度，且刚度和强度较高，在飞机飞行的过程中还能够起到减震的效果使飞行更加稳定。但碳纤维机架的碳纤维加工比较困难，制作工艺较为复杂。

工业级多旋翼无人机大多采取机架折叠式，以便减少运输、储存时的空间，提高空间利用率。

2. 动力系统

多旋翼无人机大多为电动动力装置，也有极少数多旋翼无人机采用多个活塞发动机的方式，分别为各个螺旋桨提供动力。

多旋翼无人机也可称作多轴无人机，主要的区别方式在于驱动轴的数量与旋翼的数量。按照桨叶的排布可分为单轴单桨形式和共轴双桨形式。常见的多旋翼无人机布局为单轴单桨和共轴双桨八旋翼无人机两种形式。单轴单桨无人机效率更高，续航时间长；共轴双桨八旋翼无人机为共轴双桨八旋翼无人机，也可称作四轴八旋翼无人机，这种形式的多旋翼无人机在同等级别下，尺寸更小，抗风性能更好。

3. 飞控系统

无人机飞行控制系统简称飞控系统，是无人机在完成起飞、空中飞行、空中作业、返航和降落等整个飞行过程中的主要控制系统，能够自主地完成数据分析、系统逻辑分析、自主采集导航传感数据等，从而实现无人机的自主或者半自主飞行，并以此作为区分航模与无人机的标志。飞控系统的数据采集主要由陀螺仪、加速度计、磁力计、气压高度计和超声波传感器等构成。而飞控系统作为无人机的主要控制系统，其优劣直接决定着无人机性能的好坏。

无人机飞控系统能分析预先上传好的飞行计划，按照规定的飞行路线自主执行飞行任务。通过飞控系统中加速度计、角速度计、磁力计与 GPS 等传感器感知自身的实时位置与姿态，自动调整无人机的运动航迹，达到完成任务的目的。

陀螺仪用于测试旋转角速度，主要功能是提高无人机的飞行能力。实际应用中陀螺仪对加速度的敏感程度非常重要，振动敏感度是最大的误差源，两轴陀螺仪起到增稳作用，三轴陀螺仪能够自稳。加速度计是测量结构振动或运动加速度的装置，用来测量无人机的线加速度。

有些无人机还使用陀螺仪与加速度计来实现不依赖外部信号、自主进行导航的惯性导航设备。

4. 操纵与通信系统

操纵与通信系统是无人机上用来将空中飞行设备与地面操控设备建立实时连接与操控的重要部分。地面操控部分分为遥控器与地面站。

（1）遥控器

遥控器是无人机最常见的一种操纵设备。遥控器发送飞控手的遥控指令到无人机的接收器上，接收器解码后传给飞控制板，多旋翼进而根据指令做出各种飞行动作。遥控器可以进行一些飞行参数的设置。

常用的无线电频率是 72 兆赫与 2 400 兆赫，目前采用最多的是 2 400 兆赫遥控器。

（2）地面站

地面站是用来与无人机建立实时交互的地面设备，分为硬件部分与软件部分。

硬件部分是计算机与图传、数传收发设备。

地面站软件是多旋翼地面站的重要组成部分。操作员通过地面站系统提供的鼠标、键盘、按钮和操控手柄等外设与地面站软件进行交互。预先规划好本次任务的航迹，对多旋翼无人机飞行过程中的飞行状况和姿态进行实时监控，并修改任务设置以干预飞行。任务完成后还可以对任务的执行记录进行数据分析。可以在地面站上对多旋翼无人机的控制参数进行在线调参。

5. 任务载荷系统

任务载荷系统是无人机执行任务所需要挂载的各种任务设备，可以是武器、摄像头、雷达等。以常见的航拍多旋翼无人机为例，无人机上大多装有云台与摄像头。云台用来减少无人机震动导致的镜头画面抖动，也能接收指令控制镜头上下左右转动；摄像头用来进行拍摄视频或图片等。

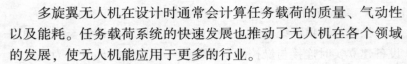

多旋翼无人机在设计时通常会计算任务载荷的质量、气动性以及能耗。任务载荷系统的快速发展也推动了无人机在各个领域的发展，使无人机能应用于更多的行业。

6. 起落架

起落架的功能是使无人机能够进行起飞、着陆、滑行和停放。多旋翼无人机的起落架相对比较简单，不像固定翼无人机那样需要滑跑的机轮与收放、缓震装置，也不需要弹射起飞或降落伞回收。多旋翼无人机一般采用滑橇式起落架，能够减轻着陆时的撞击能量，防止机身与地面摩擦导致损坏；还能防止螺旋桨距地面太近发生碰撞或沙石侵入机身，减轻起飞时的地面效应。

（二）多旋翼无人机的飞行原理

多旋转翼无人机的飞行原理与直升机有些类似。直升机旋翼的旋转是动力系统提供的，而多旋翼旋转会产生向上的升力和空气给旋翼的反作用力矩，在设计中需要提供平衡旋翼反作用扭矩的方法。所以，多旋翼无人机需要由动力系统提供旋翼的旋转动力，同时旋翼旋转产生的扭矩需要进行抵消。一般的四旋翼无人机都选择类似双旋翼纵列式加横列式的直升机模型，两个旋翼旋转方向与另外两个旋翼旋转方向必须相反，以抵消陀螺效应和空机动力扭矩。

四旋翼无人机的旋翼对称分布在机体的前、后、左、右4个方向，4个旋翼处于同一高度，且4个旋翼的结构和半径相同，4个电动机对称地安装在飞行器的支架端，支架之间的空间安放飞行控制计算机和外部设备。

四旋翼飞行器通过调节4个电动机的转速来改变旋翼转速，实现升力的变化，从而控制飞行器的姿态和位置。四旋翼飞行器是一种六自由度的垂直升降机，但只有4个输入力，同时却有6个状态输出，所以它又是一种欠驱动系统。

　　如果电动机 1 的转速上升，电动机 3 的转速下降，电动机 2、电动机 4 的转速保持不变，由于旋翼 1 的升力上升，旋翼 3 的升力下降，产生的不平衡力矩使机身绕 Y 轴旋转，同理，当电动机 1 的转速下降，电动机 3 的转速上升，机身便绕 Y 轴向另一个方向旋转，实现飞行器的俯仰运动。与俯仰运动类似，改变电动机 2 和电动机 4 的转速，保持电动机 1 和电动机 3 的转速不变，则可使机身绕 X 轴旋转，实现飞行器的滚转运动（图 1-5）。

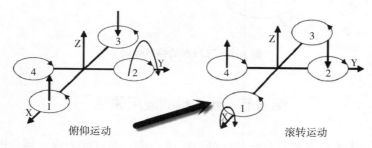

图 1-5　俯仰运动与滚转运动

　　无人机的偏航运动有些复杂。由于旋翼转动过程中会因空气阻力作用，形成与转动方向相反的反扭矩，为了克服反扭矩影响，可使 4 个旋翼中的两个正转，两个反转，且对角线上的各个旋翼转动方向相同。反扭矩的大小与旋翼转速有关，当 4 个电动机转速相同时，4 个旋翼产生的反扭矩相互平衡，四旋翼飞行器不发生转动；当 4 个电动机转速不完全相同时，不平衡的反扭矩会引起四旋翼飞行器转动。所以，当电动机 1 和电动机 3 的转速上升，电动机 2 和电动机 4 的转速下降时，旋翼 1 和旋翼 3 对机身的反扭矩大于旋翼 2 和旋翼 4 对机身的反扭矩，机身便在富余反扭矩的作用下绕 Z 轴转动，实现飞行器的偏航运动，如图 1-6 所示。

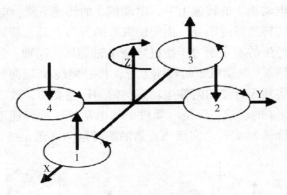

图1-6　飞行器的偏航运动

第三节　无人机的应用领域

无人机系统具有安全性高、反应迅速、通过能力强、调查能力强、数据传输快、投入相对小等优点，应用领域非常广泛。无人机的应用领域包括航拍摄影、遥感航测、管线巡检、植保与精准农业、地质与灾情勘察、安防救援、网络直播、物流运输等，涉及通信、电力、气象和林草等多种行业。

一、航拍摄影

航拍摄影是无人机最广泛的应用之一。相对于传统的地面摄影方式，无人机航拍摄影具有更高的视点，以及更加全面的方位，具有从高空平视地平线或者俯视地面等独特视角。因此，无人机摄影作品更为"宏观"和"大气"，构图思路也可以别具一格。由于多旋翼无人机可定点悬停，从而方便了许多特殊的艺术手法。例如，定点悬停给予了多角度拍摄合成的机会，如可轻松完成全景照片的拍摄和合成。

此外，在同一视点规律性地重复拍摄可完成延时摄影。大疆无人机的出现大大降低了航拍的准入门槛，不仅仅在文艺演出、体育赛事、婚庆活动和电影行业等广泛应用，而且普通人通过简单的学习就可以拍摄出非常漂亮的作品。

二、遥感航测

大面积航测的传统方法通常采用载人直升机的方式采集照片数据，不仅需要专业的飞行员和测量从业人员的支持，而且还需要专用的场地用于起飞降落，不仅耗费大量人力和物力，数据采集通常也需要很长的时间。无人机的出现大大降低了航测成本，并具有高时效性、高分辨率和高现势性等特点。对于大面积的航测来说，可在地面站中规划好航线后进行多个架次的作业，也可以让多台无人机同时作业。被采集的照片经过软件处理，即可形成拍摄区域内高精度、高分辨率的数字表面模型、数字高程模型与数字正射影像等成果。

三、管线巡检

许多输电线路、石油管路和天然气管道布设在林地、山地、戈壁等复杂地形中，采用传统方法对这些管线进行巡查需要较大的人力成本和较高的风险。通过无人机在这些管线上方或者周围飞行，并通过相机记录高清的影像资料，即可获得完整的管线记录，通过拼接后可获得管线巡检图。

四、植保与精准农业

相对于传统的人工植保，无人机植保作业具有精准、高效、安全、环保、智能化、操作简单等特点。大型的植保无人机具有较大的负荷能力，可在一定的农田范围内进行播种、除草、防病、施肥和授粉等工作，例如，搭载作物种子对水稻和蔬菜等作物进行播种，搭载农药对作物进行精准喷洒驱虫、驱害，搭载尿素及各种营养元素的叶面肥喷施提高作物产量。

搭载多光谱相机的无人机可获得研究区的多光谱影像数据，为自然植被研究和农作物生长检测提供更多的指向性信息。例如，可以利用作物的光谱特征分析和判断作物的生长状况，通过生物量估算模型方法估计产量等。例如，通过精灵 4 多光谱版和 T20 植保无人机配合使用可根据植被的生长状况实时调整农药和叶面肥施用作业时的喷洒量。

五、地质与灾情勘探

许多地质灾害和火灾等会构成相对危险的环境，使用无人机可更加全面和宏观地掌握灾情状况，从而做出正确的决策。例如，在地震和滑坡等灾害中通过无人机航测可分析其地形变化，从而推断灾害发生的过程，并可辅助设计搜救线路。在火灾中，利用热红外镜头可以迅速地判断起火点和分析火灾发生时各个位置的温度，从而避免暗火复燃。

六、安防救援

无人机在安全领域有着极其广泛的应用。在公共安全作业中，无人机可以在短时间内赶到现场，对目标区域进行不间断的全方位监视，并将画面回传至指挥中心，为之后的人力出动提供决策性的帮助。无人机所拍摄的资料也可以作为对责任人的举证。当无人机搭载人脸识别等相关系统时，还可以对拍摄到的人脸进行分析比对并快速找出嫌疑分子，协助完成安全作业。在紧急救援任务中，无人机可以实现快速响应，在第一时间赶到现场并迅速开展救援工作。不论哪种环境下的救援任务，无人机都有着独特的优势。例如，在高楼火灾场景中，无人机可以携带灭火弹并通过遥控到达火源附近发射，可到达人力无法快速到达的区域；对于地形环境较为复杂的森林区域救援，无人机可以完成大范围热成像，迅速锁定被救援目标的位置并空投干粮和水；对于灾后的救援，无人机可以迅速采集现场数据，提供临时通信中继功能，恢复灾后现场的局部通信，并将音/视频资料传至指挥中心，协助指挥中心人员进行不间断的指挥处理。

七、网络直播

无人机具有高空视野，结合 VR 技术就可以让人们体验到 360°的全景直播。无人机可以通过挂载 360°全景镜头进行拍摄，结合全景相机的视频处理技术，通过 5G 网络将处理后的全景视频传输到核心网侧的视频服务器，用户可以体验到无时延的现场全景。近年来，随着无人机航拍的逐渐兴起，无人机通信网络直播未来将会被广泛应用于体育赛事和演艺活动。

八、物流运输

相较于传统的物流运输方式，无人机用于物流运输无疑有着其独特的优势。对于偏远地区的物流，地面运输有着天然的劣势。相较于平原，山区复杂的地理环境会大大增加地面物流的成本。据统计，在拥堵的城市或偏远的山区，无人机物流可能会比地面物流节约 80%的时间，这就可以在相同的成本下实现更高的物流运输效率。无人机物流可以与地面运输相结合以应对更复杂的场景。对于较为多元化的运输任务，人们往往可以使用无人机进行一些简单的、小批量的投递任务；而对于较为复杂的、大批量的投递任务，则交给地面的人力进行运输。两种物流方式相结合，可以在节省人力消耗的同时，充分发挥无人机物流运输优势，提高人工物流的灵活性。同样，使用无人机物流可以在交通限行、封闭管理等特殊情况时发挥巨大的作用。在应急救援过程中，使用无人机搭配直升机，可以达到地面交通难以达到的投送效率。在 2020 年，我国使用无人机将医疗物资成功运输到武汉金银潭医院，这不仅可以大大提高运输效率，还可以避免交叉感染的风险。

除上述行业应用外，无人机还有众多潜在的应用市场，如大气分析、资源勘探、缉私缉毒等。

第二章 植保无人机概述

第一节 认识植保无人机

一、什么是植保无人机

植保无人机是用于农林植物保护作业的无人驾驶飞机，通过地面遥控或 GPS 飞控来实现喷洒作业，可以喷洒药剂、种子、粉剂等。由于农用植保无人机体积小、重量轻、运输方便、可垂直起降、飞行操控灵活，对于不同地域、不同地块、不同作物等具有良好的适应性。因此不管在我国北方还是南方，丘陵还是平原，大地块还是小地块，农用植保无人机都拥有广阔的应用前景。

植保无人机是无人机的一种。按照无人机的重量来分，无人机可分为 9 类。农用植保无人机属于 V 类无人机类型。

①Ⅰ类无人机：空机重量和起飞重量都不超过 0.25 千克，主要是小型穿越机。

②Ⅱ类无人机：空机重量大于 0.25 千克，不超过 4 千克；起飞重量大于 1.5 千克，不超过 7 千克。

③Ⅲ类无人机：空机重量大于 4 千克，不超过 15 千克；起飞重量大于 7 千克，不超过 25 千克。

④Ⅳ类无人机：空机重量大于 15 千克，不超过 116 千克；

起飞重量大于 25 千克，不超过 150 千克。

⑤Ⅴ类无人机：即植保类无人机。

⑥Ⅵ类无人机：即无人飞艇。

⑦Ⅶ类无人机：超视距运行的一类、二类无人机。

⑧Ⅷ类无人机：空机重量大于 116 千克，不超过 5 700 千克；起飞重量大于 150 千克，不超过 5 700 千克。

⑨Ⅸ类无人机：空机重量和起飞重量都超过 5 700 千克，又称超大型无人机。

二、植保无人机的组成

植保无人机主要由飞行平台（直升机、固定翼、多轴飞行器）、导航飞控和喷洒系统 3 部分组成，通过人为在地面遥控或导航飞控来实现喷洒作业。其中导航飞控与喷洒系统是植保无人机的核心部分。

（一）飞行平台

飞行平台由电动机、电子调整器、电调连接板、桨叶、蓄电池组成。

植保无人机按照飞行平台构架类型可分为单旋翼、多旋翼和固定翼无人机 3 种类型（表 2-1）；按飞行动力则可分为电动和油动无人机 2 种类型（表 2-2）。

表 2-1　植保无人机按构架类型分类

机型区别	单旋翼植保无人机	多旋翼植保无人机	固定翼植保无人机
风场特点	旋翼大，风场覆盖范围大，抗风性能好，飞行稳定	旋翼小，旋转方向两两相反，风场覆盖范围小，抗风性能差	通过空气流过机翼而产生升力，具有滑翔能力

（续表）

机型区别	单旋翼植保无人机	多旋翼植保无人机	固定翼植保无人机
雾化效果	雾化效果好，下旋风力大，穿透力强，药液容易到达作物根部	雾化效果差，下旋风力小，穿透力弱，药液不易到达作物根部	雾化效果差，无下旋风，穿透力弱，药液不易到达作物根部
地形要求	适合各种地形地势	适合各种地形地势	对地形地势要求较高，多用于连片开阔的大田植保作业
生产成本	造价相对较高	造价相对较低	造价相对较低
操作难度	技术门槛高，操作难度大。作业难度大，摔机风险大	技术门槛低，更容易操作	技术门槛低，更容易操作

表2-2　植保无人机按飞行动力分类

机型区别	电动植保无人机	油动植保无人机
市场价格	5万元起	18万元起
驱动方式	电池带动电机驱动	进口汽油发动机驱动
载药能力	5~15千克	15~80千克
续航能力	<20分钟	≥30分钟
喷幅宽度	3~5米	5~8米
作业能力	20~33公顷/天	33~53公顷/天
抗风能力	3级以上风力，超过不建议飞行	6级以下风力，可以正常飞行

（二）导航飞控系统

导航飞控系统相当于普通飞机的驾驶员，是植保无人机的控制核心，由无人机植保综合管理模块、高度控制子模块、航路导航控制子模块和喷雾控制子模块组成。无人机植保综合管理模块作为无人机控制的核心，具有管理不同模块间的信息交换、实现作业参数设定等人机交互功能。高度控制子模块可以精确测量无人机距离作物冠层的距离，并且实时调整铅垂方向升力使无人机稳定在所需求的作业高度上。航路导航控制子模块可以使无人机沿预先设定的作业航路飞行，随时调整飞行过程中可能出现的航线误差，从而实现精确导航。喷雾控制子模块则依据植保无人机的作业位置实时控制药剂喷洒作业开关，有效避免农药的漏喷和重喷。通过以上模块的协同作用不仅可以提升飞行平台的飞行质量，而且能够保障飞行安全和出色完成任务。

（三）喷洒系统

喷杆、输液软管、药箱和喷头组成了喷洒系统。喷杆的材质一般都为碳纤维，而液管作为输送药液的通道，则可以将药箱、水泵、流量计和喷头等结构串联起来，材质多采用透明硅胶软管。药箱是储存药液的工具，需要具备快速插拔、自动联通喷嘴、防止药液滴漏的功能。喷头是喷洒系统的核心部件，其性能直接影响关键性喷雾质量指标，如喷施作业中的施药量、雾滴大小和均匀度等。目前，国内市场上植保无人飞机喷头按雾化原理可分为液力式和离心式 2 类。液力式喷头喷洒，是通过液泵将药液"压出"到喷头中，经过小孔后以较大的初速度喷射出去，受到液体表面张力、空气阻力和重力等综合作用，逐渐失速形成液膜、液丝直至雾滴完成雾化过程，并形成一定的压力在喷嘴的喷孔处进行雾化。离心式喷头喷洒是将水"吸出"到离心雾化盘上，然后通过雾化盘的高速旋转将液体甩离，在离心力和空气阻力综合作用下完成雾化。

三、植保无人机的优势

植保无人机越来越多地应用于农林作业，特别是农业植保方面。由于农作物株高和密度的限制，大型机械难以进入地块喷施农药，即使选用先进的农药喷施机械也会对农作物造成一定面积的损伤，从而影响产量。如果使用人工喷洒，作业劳动强度大、作业时间长、透风性差等因素容易引起作业人员的药物中毒和喷施程度不均匀等现象，达不到预期效果。植保无人机能够很好地解决这些问题。

（一）高效安全环保

相对于固定翼飞机，无人机重量轻、体积小、机动性好，不需要专业跑道，在草坪和平地都能起降，非常适合我国地形复杂范围的农作物农药喷雾作业。无人机在农业作业中，飞行速度、与农作物距离、喷洒高度等都可以根据农作物的需要进行灵活的调整。植保无人机与农作物的距离最低可保持在 1 米的高度，规模也能达到每小时 100 亩①，其效率要比常规喷洒至少高出 100 倍。不会造成农药喷洒过度的现象，可以大大节省农药和水资源，并避免因食入残留农药过量的农产品而危害人体健康的事件发生，也不会因农药喷洒不够而消灭不了病虫害导致农作物减产。环境污染的情况可以大大改善，且由于采用远程操纵飞机，农药对施药人员的危害也可以大大减低。

（二）覆盖密度高防治效果好

喷雾药液在单位面积上覆盖密度越高、越均匀，防治效果才会越好。植保无人机大多为螺旋机翼作业，高度比较低，桨叶在旋转时会在下方的农作物上形成一个紊流区，喷洒农药时可以翻动和摇晃农作物。因此，采用超细雾状喷洒比较容易透过植物茸毛的表面形成一层农药膜，同时能将部分农药喷洒到茎叶背面，从而均匀而有效地杀灭病虫害，这是目前使用人工和其他喷洒设备无法做到的喷洒效果。使用植保无人机喷洒农药，减少了农药

---

① 1 亩≈667 米²，全书同。

飘失程度，并且药液沉淀积累和药液覆盖率都优于常规，因此防治效果也比传统的好。

（三）节水节药成本低

无人机喷洒技术采用喷雾喷洒方式至少可以节约50%的农药使用量，节约90%的用水量，这将在很大程度上降低资源成本，而且无人机折旧率低，单位作业人工成本低，易于维修。

（四）操控简便

植保无人机具有高效自动化的特点，只需在作业前将农田里GPS的信息采集到控制程序中，并把航线规划好，无人机基本可以实现自动作业。一般来说，操作人员只需要经过30天左右的训练就可以熟练掌握操作技巧。

四、植保无人机相关企业

（一）植保无人机生产企业

目前，国内生产植保无人机的企业较多，其中深圳市大疆创新科技有限公司、广州极飞科技有限公司、珠海羽人飞行器有限公司、深圳高科新农技术有限公司、无锡汉和航空技术有限公司、苏州绿农航空植保科技有限公司等代表企业研发能力较强，每年都会有新的机型问世。

（二）植保无人机线下租赁公司

近年来，植保无人机发展迅速，但是其市场价格高昂，对于普通农户来说仍是一笔较大的开支，并且后续的维护保养难度较大，这让许多农户望而却步。鉴于此，市场上出现了许多无人机租赁公司，提供植保飞防服务。

例如，中航天信航空科技有限公司主要致力于工业级无人机产品和应用系统的研发、制造、集成及服务；河南省酷农航空植保科技有限公司主要从事无人机生产、研发、销售、无人机操控

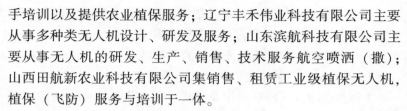

手培训以及提供农业植保服务；辽宁丰禾伟业科技有限公司主要从事多种类无人机设计、研发及服务；山东滨航科技有限公司主要从事无人机的研发、生产、销售、技术服务航空喷洒（撒）；山西田航新农业科技有限公司集销售、租赁工业级植保无人机，植保（飞防）服务与培训于一体。

（三）植保无人机线上服务App

在"互联网+"背景下，国内开始出现无人机公司实体结合信息技术创建的基于"互联网+"的农业航空服务平台，主要是App，如"学飞"App、"滴滴打药"App、"精飞植保服务"App等。植保服务商和广大农户可以根据需求在平台上进行沟通，预定无人机进行施药。另外，将各地区的植保需求及时反馈到平台上，通过平台可以高效调配某一地区内的飞防作业人员和无人机设备，政府可以通过平台进行有效监管，具有方便、快捷的优势，促进了植保无人机规范发展。

五、典型的农业植保无人机

MG-1农业植保无人机（图2-1）专为农业领域设计，机身防尘、防水、防腐蚀。整机包含完整的喷洒系统，内置定制飞控系统，具有智能、手动、增强型手动3种作业模式，可在各种形状的作业区域灵活方便地完成作业任务。配备雷达辅助定高模块，作业时可实现无人机与作物的相对高度始终不变。

图2-1 MG-1农业植保无人机

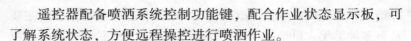

遥控器配备喷洒系统控制功能键，配合作业状态显示板，可了解系统状态，方便远程操控进行喷洒作业。

（一）MG-1农业植保无人机的主要特点

1. 内置定制飞控系统，提供3种作业模式

3种作业模式，即智能作业模式、手动作业模式和增强型手动作业模式。

智能作业模式下，无人机可沿特定路线喷洒农药，用户可设置作业间隔、无人机飞行速度等。该模式下用户可操控无人机进入连续智能作业状态，每小时作业量可达40~60亩。

手动作业模式下，用户可手动开始与停止喷洒农药、随时调节喷洒速率等。

增强型手动作业模式下，飞控系统限制无人机最大飞行速度，同时锁定无人机航向。用户可通过摇杆控制无人机前后左右飞行，也可通过遥控器C1和C2按键使无人机向左或向右平移。

2. 具备两项智能记忆功能

即作业恢复功能和数据保护功能。智能作业模式下，若中途退出，无人机可记录中断坐标点，并在再次进入智能作业模式时自动返回该点。数据保护功能可在无人机电源断开后的一段时间里仍然保留系统记录数据，方便用户在更换电池后继续未完成的作业任务。

3. 配备完整的喷洒系统

包含作业箱、喷头等。两侧共有4个喷头，喷洒均匀，覆盖范围大。支持多种不同型号喷头，满足用户的不同需求。

4. 配备先进的雷达辅助定高模块

其具有地形跟随功能，在智能作业和增强型手动作业模式下自动启用。

（二）MG-1 植保无人机主要部件名称

MG-1 植保无人机主要部件名称如图 2-2 所示。

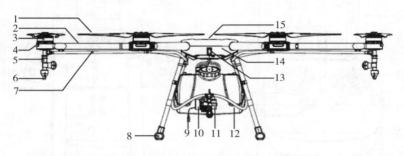

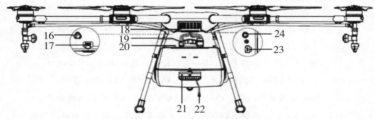

1—螺旋桨；2—机臂；3—电动机；4—方向指示灯；5—喷头；

6—喷嘴；7—软管；8—起落架；9—液泵电动机线；10—液泵电动机；

11—液泵；12—作业箱；13—无人机状态指示灯（机尾方向）；

14—无人机主体；15—GPS 模块；16—液泵电动机接口；

17—飞控调参接口；18—空气过滤罩；19—电源接口；

20—电池安装位；21—雷达辅助定高模块；22—雷达连接线；

23—Lightbridge2/IOSD 调参接口；24—雷达连线接口

图 2-2　MG-1 植保无人机主要部件名称

遥控器主要部件名称如图 2-3 所示。

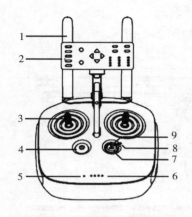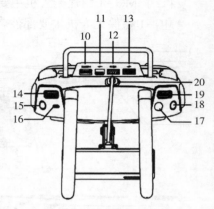

1—天线；2—作业状态显示板；3—摇杆；4—电源按键；

5—遥控器状态指示灯；6—遥控器电量指示灯；7—返航提示灯；

8—作业模式切换开关；9—返航按键；10—Mini HDMI 接口；

11—Micro-USB 接口；12—CAN 接口；13—USB 接口；

14—喷洒速率拨轮；15—喷洒按键；16—飞行模式切换开关；

17—A 键；18—B 键；19—飞行速度设置转盘；20—显示板连接线

图 2-3　遥控器主要部件名称

第二节　植保无人机的发展现状

一、我国植保无人机的发展历程

我国植保无人机起步较晚。1951 年，广州市第一次使用 C-46 型飞机开展蚊蝇防治，我国农业航空发展的序幕就此拉开。1958 年，问世于南昌飞机制造厂的运-5 型飞机，被广泛应用于农林播种、施肥和农药喷洒等，极大推动了我国农业航空的进步发展。1963 年，飞防植保作业开始在小麦病虫草害的防治得到应用。20 世纪 90 年代，轻型农药喷洒飞机在小麦、棉花等农作物的病虫防治和化学除草上得到广泛应用，同时也在草原灭蝗和森林害虫防治中发挥巨大作用。农业农村部公开信息显示，2014年我国植保无人机保有量仅为 695 架。自 2015 年起，随着以飞控技术为核心的高科技企业极飞科技有限公司、大疆创新科技有限公司进入农业，产业规模呈现逐年翻番的高速发展状态，已形成了集研发、生产、销售、服务为一体的完整产业链，产品的市场保有量、作业量逐年递增。2019 年，我国植保无人机市场保有量已超过 5 万架，跻身为全球植保无人机保有量最多的国家，植保作业面积也已超过 5 亿亩次。2020 年，我国植保无人机保有量超过 10 万架，作业面积首次突破 10 亿亩次，标志着我国航空植保发展步入全新时代。到了 2022 年，我国带有北斗定位的智能化农机超过 90 万台，作业效率提高了 20% 以上。植保无人机保有量达到 16 万架，作业面积达到 14 亿亩次。此外，5G 技术也早已开始在植保飞防行业中应用，2020 年，首架 5G 网联植保无人机于重庆市农业科学院科研基地成功试飞，为 30 亩试验农田提供集无人机植保、农业大数据和遥感大数据为一体的精准农业服务。

目前植保无人机的作业对象几乎覆盖了全部农作物，包括水稻、小麦和玉米等主要粮食作物，各种经济作物棉花、油菜、果树和瓜果蔬菜如苹果、葡萄、柑橘、豇豆、小白菜等，并且获得了理想的防治效果和防治经验。经过几年来的发展，在关键技术、装备及飞防药剂的不断升级推动作用下，施药作业质量有了长足进步，当前植保无人机的病虫害防治效果已接近地面大型喷杆喷雾机具的水平，作业类型也从植保施药延伸至授粉、播种、施肥、投料等，且实现了一机多用的功能拓展。

二、我国植保无人机发展中存在的问题

与物流、测绘和勘探等行业的无人机不同，植保无人机在设计与使用过程中，必须满足植保作业的特殊要求。尽管当前国内航空植保发展较快，但是植保无人机自身和飞防法律法规等方面存在诸多问题，在一定程度上限制了我国航空植保的应用与发展。

（一）植保无人机存在的问题

一是无人机价格偏高，造成农业生产普及率低。以大疆 MG-1 为例，裸机价格为 4 万多元，如果加上 10 块电池和其他费用，配备整套设备需要 8 万~10 万元，对于普通农户来说，成本投资较大。

二是植保无人机电池可持续作业时间短，续航能力差。目前，大多数电动植保无人机续航时间仅为 5~10 分钟，频繁更换电池不仅成本高，而且耽误作业时间。

三是植保无人机载重小，一般仅为 10~30 千克，大面积作业时需要频繁地更换药箱，直接影响到作业效率，从而影响到防治成本。

（二）飞防药剂及助剂存在的问题

一是国内市场现有剂型难以满足飞防实际需求。目前，国内真正专门用于植保无人机施药的农药制剂、助剂还没有登记生产，仍然属于空白阶段。植保无人机需要采用沉降性好、安全性高的专用药剂，但目前这一类超低容量制剂仍较少，选择性也差，成为提升作业效益的瓶颈。

二是国内飞防助剂市场亟待系统化和规范化。目前，我国对农药助剂管理还未正式提出明确的规定和要求，市面上的产品性能差异显著。

（三）技术人员存在的问题

专业植保无人机技术人员是集无人机操作、维修养护于一身的复合型人才，需要熟悉植保无人机作业过程所涉及的作业计划、施药技术、地面组织与安全保障等环节。但目前专业队伍人才匮乏，国内高校飞行专业和培训机构屈指可数，且只对无人机操作熟悉，植保知识不足，容易造成药害。

三、我国植保无人机的发展方向

众多无人机企业纷纷瞄准了农业植保领域，整个植保无人机行业出现蓬勃发展的态势。

（一）无人机植保作业要紧贴农艺要求

目前，大部分无人机企业将主要精力投入在飞控软件、机身结构、功能扩展、App 开发和云平台建设等方面，而缺乏对农业植保作业相关的农艺要求的深入研究。特别对于单轴和多轴微小型植保无人机等机型在植保作业时的相关技术参数缺乏系统深入的研究，尚未形成一套科学完善的判别标准。

（二）操控要简易

遥控式植保无人机操控复杂，尤其是单旋翼植保无人机，对操控人员的操控能力要求更高，且无法超视距飞行。随着植保无人机技术的不断发展，无人机操控系统设计会更加智能，实现定速仿地形飞行、自动返航、电子围栏等功能，既可以实现精准高效作业，又降低了操控人员的劳动强度。

（三）载荷更优化

目前植保无人机载荷一般为 5～20 千克，载荷过小，需要频繁更换电池及药液，作业效率大打折扣。载荷过大必然导致无人机体积和重量的增加，不便于小地块转场运输，加之国产大载荷无人机发动机和电动机技术还不够成熟，载荷过大，可靠性也无法保障。

（四）价格要合理

首先，目前国内植保无人机价格参差不齐，普遍偏高，一般轻小型植保无人机的价格在 5 万~20 万元。其次，全国只有少数部分地区列出专项资金对植保无人机给予购机补贴。这两方面原因制约了植保无人机推广。随着技术不断发展和市场需求量的增加，植保无人机价格应该趋于稳定合理。

（五）推广模式要创新

植保服务队的新模式，要由传统的农民购买农机向购买植保服务转变。

第三节　植保无人机的发展环境

一、政策环境

近年来，我国颁布系列政策鼓励农业无人机发展。

（一）推动农业无人机研发和制造水平提升

2022 年 2 月，中共中央、国务院印发《关于做好 2022 年全面推进乡村振兴重点工作的意见》，提出应提升农机装备研发应用水平，将高端智能机械研发制造纳入国家重点研发计划并予以长期稳定支持。

（二）为农业无人机购置提供补贴

早在 2014 年，河南省财政就列出给予植保无人机购机补贴的专项资金，到 2017 年 9 月，农业农村部、财政部、民航局3 个部门联合下发《农业农村部办公厅、财政部办公厅、中国民用航空局综合司关于开展农机购置补贴引导植保无人飞机规范应用试点工作的通知》，并决定当年选择浙江（含宁波）、安徽、江西、湖南、广东、重庆6个省（市），开展利用农机购置补贴引导植保无人机规范应用的试点工作。截至2019年先后又有吉林、湖北、江苏、甘肃、陕西、山东和宁夏等多个省份出台了最新植保无人机补贴政策。2021年4月6日，农业农村部发布了关于印发《2021—2023年农机购置补贴实施指导意见》的重要通知，其中提出，我国将全面开展植保无人驾驶航空器购置补贴工作，进一步强化财政支持力度。

二、技术环境

尽管我国农业无人机产业起步时间较晚，但近年来在政府、高校、科研单位、企业等积极探索下，无人机相关技术发展迅速。

一是我国无人机研发可为农业无人机提供通用零部件和系统开发基础。我国自20世纪50年代正式开始研制无人机，主要发力领域在军用领域。当前，我国飞行器研发制造、飞控系统等通用技术和产品已达到世界一流水平，而军事无人机技术的部分民用化可降低农业无人机的研发门槛。

二是5G等新基建为无人机农业应用提供了稳定的通信环境支持，同时芯片、传感器、电池、摄像装置等无人机零部件技术的革新也带动整机成本下降，推动了农业无人机的应用和普及。

三、相关标准

目前，我国现行植保无人机相关标准包括行业标准、地方标准和团体标准。

（一）行业标准

行业标准是指由行业组织通过并公开发布的标准。对没有国家标准而又需要在全国某个行业范围内统一的技术要求，可以制

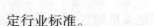

定行业标准。

现行植保无人机的行业标准包括《植保无人飞机防治小麦病虫害作业规程》（NY/T 4260—2022）、《植保无人飞机 作业质量》（NY/T 4258—2022）、《植保无人飞机 安全施药技术规程》（NY/T 4259—2022）、《棉花脱叶催熟剂喷施作业技术规程》（NY/T 3682—2020）、《植保无人飞机 质量评价技术规范》（NY/T 3213—2018）等。

（二）地方标准

地方标准是在国家的某个地区通过并公开发布的标准。我国的地方标准是指由省、自治区、直辖市标准化行政主管部门公开发布的标准。对没有国家标准和行业标准而又需要在省、自治区、直辖市范围内统一的工业产品的安全、卫生要求，可以制定地方标准。

现行植保无人机的地方标准包括《大田作物病虫草害防控关键期植保无人飞机作业技术规程》（DB13/T 5517—2022）、《植保无人飞机水稻精准施药技术规程》（DB23/T 2949—2021）、《植保无人机田间试验技术规范》（DB41/T 2098—2021）、《植保无人机防控十字花科菜花类蔬菜主要病虫害技术规程》（DB15/T 2103—2021）、《多旋翼植保无人机施药作业规范》（DB21/T 3674—2022）、《植保无人机田间试验技术规范》（DB41/T 2098—2021）、《植保无人机安全操作技术规范》（DB63/T 2099—2023）、《农用植保无人机作业技术规范》（DB1302/T 545—2021）、《无人机飞防植保操作技术规程》（DB3208/T 182—2022）、《农业多旋翼植保无人机安全作业操作规范》（DB3713/T 225—2021）、《麦田病虫害植保无人飞机防治技术规程》（DB4105/T 134—2020）、《植保无人机茶园施药安全作业技术规程》（DB4115/T 081—2021）、《花椒林植保无人机管理服务规程》（DB5206/T 136—2021）、《大田作物病虫草害防控关键期植保无人飞机作业技术规程》（DB13/T 5517—2022）等。

（三）团体标准

团体标准是集体行为准则，由团体成员共同制定，主要用于约束团体成员的行为，以维护团体的声誉和利益。

现行植保无人机的团体标准包括《多旋翼植保无人机通用技术规范》（T/SZFAA 07—2022）、《植保无人机防治水稻主要病虫害技术规程》（T/GDPPS 006—2022）、《植保无人飞机防治柑橘树病虫害施药技术指南》（T/CCPIA 101—2021）、《电动植保无人飞机》（T/ZJNJ 0008—2020）等。

第四节　植保无人机运行的要求

一、无人机飞防手的要求

（一）飞防常识

1. 学习植保知识

无人机飞防手必须了解靶标作物的相关特性及防治适期，在掌握无人机操作的同时，懂得防治药剂、飞防助剂的选择和药液配制。

2. 个人防护

植保飞防作业时必须严格遵守农药安全使用规程，作业人员要穿好防护服并戴好口罩，与植保无人机保持相应的安全距离，严禁无关人员靠近，以免产生危险。

3. 植保无人机维护及药液处理

飞防作业结束后，作业人员要及时对植保无人机喷药系统进行清洗处理，清洗器械的污水不可随意倾倒，应选在安全地点妥善处理，减少药剂对周围环境的负面影响。

（二）持证上岗

植保无人机并不是人人都可以驾驶，飞防手需要经过一系列培训，完成一系列考试项目，取得资格证后才可以持证上岗。

2018年8月31日，中国民用航空局飞行标准司发布了《民用无人机驾驶员管理规定》。该规定指出，担任操纵植保无人机系统并负责无人机系统运行和安全的驾驶员，应当持有按本规定颁发的具备V分类等级的驾驶员执照，或经农业农村部等部门规定的由符合资质要求的植保无人机生产企业自主负责的植保无人机操作人员培训考核。

二、植保无人机实名登记

根据中国民用航空局发布的《民用无人驾驶航空器实名制登记管理规定》要求：250克以上（包括250克）无人机必须在"无人机实名登记系统"进行登记。登记信息包括拥有者的姓名（单位名称和法人姓名）、有效证件、移动电话、电子邮箱、产品型号、产品序号和使用目的等。

对于无人机制造商，需要在"无人机实名登记系统"中填报其产品的名称、型号、最大起飞重量、空机重量、产品类型和无人机购买者姓名/移动电话等信息。在产品外包装明显位置和产品说明书中，提醒拥有者在"无人机实名登记系统"中进行实名登记，警示不实名登记擅自飞行的危害。

在"无人机实名登记系统"中完成信息填报后，系统自动给出包含登记号和二维码的登记标志图片，并发送到登记时留的邮箱。民用无人机拥有者在收到系统给出的包含登记号和二维码的登记标志图片后，将其打印为至少2厘米×2厘米的不干胶粘贴牌，粘于无人机不易损伤的地方，且始终清晰可辨，亦便于查看。

三、营业性机构

使用植保无人机开展航空喷洒（撒）应当取得经营许可证，未取得经营许可证的，不得开展经营性飞行活动。

四、使用植保无人机的要求

（一）飞行要求

植保无人机飞行是指无人机进行下述飞行。

①喷洒（撒）农药。

②喷洒（撒）用于作物养料、土壤处理、作物生命繁殖或虫害控制的任何其他物质。

③从事直接影响农业、园艺或森林保护的喷洒任务，但不包括撒播活的昆虫。

（二）人员要求

运营人指定一个或多个作业负责人，作业负责人应当持有民用无人机驾驶员合格证并具有相应等级，同时接受了下列知识和技术的培训或者具备相应的经验。

①开始作业飞行前应当完成的工作步骤，包括作业区的勘察。

②安全处理有毒药品的知识及要领和正确处理使用过的有毒药品容器的办法。

③农药与化学药品对植物、动物和人员的影响和作用，重点在计划运行中常用的药物以及使用有毒药品时应当采取的预防措施。

④人体在中毒后的主要症状，应当采取的紧急措施和医疗机构的位置。

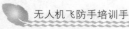

⑤所用无人机的飞行性能和操作限制。

⑥安全飞行和作业程序。

作业负责人还要对实施农林喷洒作业飞行的每一人员实施规定的理论培训、技能培训以及考核，并明确其在作业飞行中的任务和职责。作业负责人对农林喷洒作业飞行负责。其他作业人员应该在作业负责人带领下实施作业任务。从事作业高度在 20 米以上的作业人员应持有民用无人机驾驶员执照。

（三）喷洒限制

实施喷洒作业时，应当采取适当措施，避免喷洒的物体对地面的人员和财产造成危害。

（四）喷洒记录保存

实施农林喷洒作业的运营人应当在其主运行基地保存关于下列内容的记录。

①服务对象的名称和地址。

②服务日期。

③每次作业飞行所喷洒物质的量和名称。

④每次执行农林喷洒作业飞行任务的驾驶员的姓名、联系方式和合格证编号（如适用），以及通过知识和技术检查的日期。

第三章　植保无人机施药技术

第一节　植保无人机施药概述

一、植保无人机施药的技术特点

（一）超低量喷雾

植保无人机施药具有超低量喷雾，每亩喷液量一般在 0.5~1 升，药液浓度高，而且一般用两种以上不同农药制剂同时配制。

（二）穿透性较强

穿透性较强，旋翼旋转时产生风场，药液对植被穿透性好。

（三）作业高度高

作业高度高，一般为 2~8 米。

（四）受外界环境影响

气象因素（温度、湿度、风速、风向等）影响较大，容易造成雾滴的飘失和蒸发。另外，飞机类型、喷嘴类型、药液性质、操作方式（喷液压力、飞行速度、飞手熟练程度、重喷、漏喷等）等都会对最后的防效及周围环境产生影响。

二、植保无人机施药和常规喷雾的区别

植保无人机施药和常规喷雾在喷液量及作业高度等方面有很大的区别（表 3-1）。

表 3-1   植保无人机施药与常规喷雾的区别

（以氯虫苯甲酰胺 200 克/升悬浮剂为例）

喷雾方式	亩喷洒药液量/升	稀释倍数	作业高度/米	飘移距离
常规喷雾	30~50	1 500~5 000	≤0.3	与喷头类型、作业高度、风速、温度、药剂性质等有关
植保无人机施药	0.5~1.0	15~100	1.5~8	

第二节   植保无人机施药的专用药剂

一、植保无人机施药对专用药剂的要求

针对植保无人机施药的技术特点，植保无人机施药对专用药剂有以下要求。

（一）安全高效

由于植保无人机施药的药液浓度大，不仅要求高浓度药剂对作物安全和高效，而且还需要考虑其毒性（急性毒性、亚急性毒性、慢性毒性）及环境安全性（对蜂、鸟、鱼、蚕、水生生物、家畜、天敌昆虫、蚯蚓、土壤微生物，暴露人群如生产工人、施药人员、附近居民以及大气、水源、非靶标植物的安全性），充分评估其施药安全性和风险，做好风险防范紧急预案。

（二）剂型合理

植保无人机施药液浓度高，需要选择能够高浓度稀释而不容易堵塞喷头的制剂，并且在一定时间内不发生分层、析出和沉淀。对于含有有机溶剂的制剂，则要求其低毒、密度较大。另外，对于两种以上不同制剂混合，要求其相容性要好，事先做好配伍性试验并在使用时进行两次稀释。如果使用过程中加入专用

的植保无人机施药助剂，也有助于解决稀释问题。

（三）抗挥发和抗飘失

植保无人机施药有一定高度，在风的作用下，80~400微米的雾滴容易飘失，不仅会造成防效低，而且会造成药害和污染，所以要求专用药剂具有抗挥发和抗飘失的性能。如果药剂抗飘失性能差，可以加入专用的植保无人机施药助剂或设置不施药缓冲区。

（四）沉积性能好

植保无人机施药雾滴在植物表面是点状分布的，因此要求雾滴在植物表面黏附性能好，从而提高农药利用率。

二、植保无人机施药专用药剂及剂型

（一）飞防药剂品种

目前，通过植保无人机上喷洒进行病虫草害防治的农药品种繁多，涵盖了杀虫杀螨剂、杀菌剂、除草剂以及植物生长调节剂等各类产品（表3-2）。

表3-2 植保无人机应用的农药品种

类型	产品种类
杀虫杀螨剂	氯虫苯甲酰胺、溴氰虫酰胺、虫螨腈、氟啶虫胺腈、螺虫乙酯、吡虫啉、吡蚜酮、啶虫脒、虫酰肼、阿维菌素、乙基多杀菌素、螺螨酯、苦参碱、白僵菌、绿僵菌、蝗虫微孢子虫
杀菌剂	井冈霉素、吡唑醚菌酯
除草剂	氰氟草酯、五氟磺草胺
植物生长调节剂	芸苔素内酯

（二）飞防剂型种类

植保无人机具有单次作业面积大、作业高度（3~5米）高、速度快，同时受气象因素影响大的特点，所以，喷洒时大多采用超低量喷雾，要求药液浓度高、喷洒雾滴细，此外，药液不仅需要具备抗挥发和抗飘失性能，而且需要具备较好的沉积和扩展性能，可以保证药液在靶标上的润湿、展布和吸收，提高药液利用率。植保无人机施药时用水量较少，一般作物药液用量仅为7.5~15升/公顷，药液浓度高，如果制剂分散性差，粒子粒径大，不仅容易堵塞喷头，而且容易对作物产生药害。最初，使用最多的超低容量液剂（ULV）为油剂，在我国已有一些超低容量液剂的产品取得了农药登记证、农药生产许可证、农业标准（"三证"）（表3-3），主要用于防治水稻螟虫、飞虱、纹枯病和小麦蚜虫等。

表3-3　我国取得"三证"的超低容量液剂产品（部分）

登记名称及含量	登记作物及防治对象	生产企业
甲氨基阿维菌素 1%	水稻稻纵卷叶螟	广西田园生化股份有限公司
嘧菌酯 5%	水稻纹枯病	广西田园生化股份有限公司
戊唑醇 3%	水稻稻曲病	广西田园生化股份有限公司
苯醚甲环唑 5%	水稻纹枯病	广西田园生化股份有限公司
烯啶虫胺 5%	水稻稻飞虱	广西田园生化股份有限公司
茚虫威 3%	水稻稻纵卷叶螟	广西田园生化股份有限公司
阿维菌素 1.5%	水稻稻纵卷叶螟、小麦红蜘蛛	广西田园生化股份有限公司
噻虫嗪 3%	小麦蚜虫	河南金田地农化有限责任公司
唑醚·戊唑醇 10%	小麦白粉病	河南金田地农化有限责任公司

　　由于市场上用于植保无人机施药的制剂较少，所以实际中大

部分还是应用常规制剂，主要是粒径相对较小的制剂，比如悬浮剂、乳油、水乳剂和微乳剂等。若使用水分散粒剂和可湿性粉剂，则在制备过程中应尽可能地减少制剂粒径和使用能溶于水的填料。

国内目前在植保无人机施药应用过的农药产品涵盖杀虫杀螨剂、杀菌剂、除草剂以及植物生长调节剂等各类产品，如氯虫苯甲酰胺、溴氰虫酰胺、虫螨腈、氟啶虫胺腈、螺虫乙酯、螺螨酯、烯啶虫胺、吡虫啉、吡蚜酮、啶虫脒、虫酰肼、噻虫嗪、噻虫啉、阿维菌素、乙基多杀菌素、苦参碱、白僵菌、绿僵菌、蝗虫微孢子虫、井冈霉素、吡唑醚菌酯、丙草胺、苄嘧磺隆、氰氟草酯、五氟磺草胺、双草醚和芸苔素内酯等，涉及剂型有水分散粒剂、悬浮剂、悬乳剂、水乳剂、微乳剂、可分散油悬浮剂和超低容量液剂等。另外，还使用氨基酸等肥料。

第三节　植保无人机施药助剂

植保无人机施药助剂又称为植保无人机施药辅助剂，是植保无人机施药专用药剂的加工和使用中除农药有效成分外的其他各种辅助物料的总称。植保无人机进行药液喷洒时容易受飞行高度、风速和温度等因素干扰而出现雾滴飘移和水分快速蒸发的现象，严重影响飞防效果，甚至对作物产生药害。因此，添加一定量合适的喷雾助剂对雾滴特性进行调控，既可以提高药效，又可以减轻药害。

一、植保无人机施药助剂的分类

按照不同的分类方式，可将植保无人机施药助剂分为不同的类型。

（一）按照化学类别分类

按照化学类别分类，植保无人机施药助剂可分为表面活性剂类、高分子聚合物类和植物油类等。

1. 表面活性剂类

表面活性剂类飞防助剂以有机硅类化合物为主，能够显著降低药液表面张力，有利于雾滴在靶标表面的润湿铺展，在减少雾滴反弹的同时，达到提高雾滴沉积量的效果。此外，添加该类助剂后药液的渗透性较好，有利于药液穿过叶片气孔直接进入植物体内，从而使靶标体在较短时间里吸收更多药液。然而，有机硅类飞防助剂的抗飘移、抗挥发作用较差，不适宜直接作为飞防专用助剂，经常与其他助剂混合使用。

2. 高分子聚合物类

高分子聚合物类飞防助剂是以瓜尔胶、聚丙烯酰胺等天然或人工合成的物质为原料而制成，共同特点是均能够显著提高药液体系的黏度，从而增大药液雾化时雾滴的粒径，最终减少雾滴飘移，增加其在靶标表面的附着力，减少反弹和滑落，从而提高药液在单位面积内的沉积量。该类飞防助剂也具有降低表面张力的作用，但与表面活性剂类助剂相比降低并不明显。

3. 植物油类

植物油类飞防助剂通常以从油菜、大豆等油料作物中提取的植物油或酯化后的植物油制备而成。植物油中含有大量的油酸，对疏水性靶标植物叶片表面具有更高的亲和力，可以使雾滴在靶标表面牢固附着并快速铺展。此外，植物油中含有大量的脂肪酸，在雾滴表面形成具有一定强度的分子膜，从而阻止雾滴中水分的挥发。值得关注的是，植物油在一定程度上可以溶解或疏松植物叶表面蜡质层，有利于药液渗透吸收。

（二）按照功能分类

按照功能分类，植保无人机施药助剂可分为展着剂、抗飘移剂、蒸发抑制剂、黏附剂、渗透剂、增效剂、安全剂和吸收剂等。

1. 展着剂

展着剂主要是通过提高喷洒药液在植物茎叶和害虫、病原菌体表的湿润和展开能力，从而充分发挥药效的助剂。比如使用无人机在水稻上喷药的时候，因为水稻的叶片为疏水性表面，一般药液在叶片上表现出不浸润，会导致药液吸收受影响，最终影响药效，加入展着剂之后就可以提高药液在叶片上的展布，从而提高药效。

2. 抗飘移剂

抗飘移剂通过减少小雾滴的产生以及增加雾滴的沉降来减少雾滴飘移。植保无人机施药中细雾滴为最易飘移的部分，因此，从制剂药液、药械及喷施技术上减少细雾滴是十分必要的。雾滴在运行传递过程中，可挥发组分的蒸发是造成大量细雾滴的重要原因。抗飘移剂的主要作用就是减缓汽化、抑制蒸发、防止雾滴迅速变细而产生飘移，一般以高分子聚合物居多，国外助剂公司的抗飘移剂相对成熟。

3. 蒸发抑制剂

蒸发抑制剂能减少雾滴在运动过程中的蒸发，使更多的雾滴到达作物靶标。蒸发抑制剂能够减缓喷施液在喷施过程中和在叶面上的蒸发。植保无人机施药雾滴分散度高，形成的雾滴粒径小，一般为50~100微米，易飘移，表面积很大，挥发率高，因此必须选用抑制蒸发的助剂。

4. 黏附剂

黏附剂是增加农药在植物叶片或者昆虫体壁等固体表面黏附性能的助剂。喷施到叶面上的药剂载体溶液蒸发后，只留下固体的活性物质颗粒，而这些固体的颗粒有被风、雨吹、洗掉的可能。黏附剂是一些黏性的、不易蒸发的化合物，可以使药物颗粒被黏附在靶标上，增加活性成分被吸收的机会。黏附剂常常是聚合物。

5. 渗透剂

渗透剂是指促进药液的有效成分渗透或通过植物叶片或昆虫表皮进入内部的助剂种类。

6. 增效剂

增效剂本身是没有生物活性的，但可以通过抑制生物体内的解毒酶，提高农药的生物活性等来提高农药的药效。

7. 安全剂

安全剂通过生理生化过程，减少作物的药害产生情况。如在除草剂植保无人机施药中加入适量解草胺腈能大大降低药害风险。

8. 吸收剂

这一类助剂可以帮助活性成分穿透叶面的角质层、细胞壁、细胞膜而进入细胞内。它渗透性强，能使药物杀死组织内病原菌类或渗入昆虫体壁内杀灭害虫。如除草剂植保无人机施药中加入适量卵磷脂·维生素 E 能加快死草速度及提高杀草彻底性。

二、植保无人机施药助剂的作用机理

植保无人机施药属于超低容量喷雾，在低稀释倍数和高稀释倍数下会有很大差别，关键是如何让药剂在低稀释倍数下仍然保持高度分散。植保无人机施药多在开放空间如大田中进行，环境复杂。当风速大于 3 级、温度小于 37℃、湿度大于 50% 时，有利于植保无人机施药作业，反之很难保证植保无人机施药效果。开发植保无人机施药专用农药是一个长周期、高投入、高风险的工作，或许从植保无人机施药助剂上可以得到突破。其作用机理如下。

①降低药剂产品稀释液的表面张力，提高喷头系统雾化效果。

②提高雾滴的沉降速率，使雾化的液滴迅速地从空中沉降至作物的叶面和靶标体表。

③提高雾滴的抗飘移能力，降低飞机下压气流带来的干扰，减少飘移带来的药害和利用率的下降。

④有效提高雾滴对叶面的附着力，改进雾滴的润湿和铺展能力，降低飞机下压气流对雾滴沉淀附着的干扰，有效提高雾滴在作物叶面或靶标害虫体表上的附着与黏附。

⑤有效提高靶标对药液的吸收，加快蜡质层溶解，促进药液吸收。

⑥在高温情况下具有良好的耐挥发能力，有效降低药液在叶面表面的蒸发；延长药物的作用时间，提高整体的药效和防控能力。

⑦有效提高耐雨水冲刷的能力，降低雨水对作物叶面有效成分的冲淋情况，提高活性成分在叶面的滞留时间，促进药物成分的进一步吸收。

三、植保无人机施药助剂的作用

植保无人机施药助剂由于配方组成的局限，或者不能添加太多抗蒸发、抗飘失成分，或者加入助剂过多造成配方体系不稳定。此时，添加植保无人机施药助剂能很好地解决这个问题，而且能降低农药的使用量。据报道，在不适宜作业条件下，在药液中加入 1% 的植物油型助剂，可减少 20% ~ 30% 的用药量，获得稳定的药效。在植保无人机施药助剂上，主要为高分子聚合物、油类助剂、有机硅等。国内外大量研究和田间试验结果表明，添

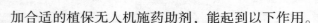

加合适的植保无人机施药助剂，能起到以下作用。

（一）影响雾滴大小

加入合适的植保无人机施药助剂后，药液的动态表面张力、黏度等性质发生变化，因此在相同的喷头和压力下，喷出的雾滴大小发生变化。一般来说，油类助剂能够适当增加雾滴粒径。

（二）抗飘失

加入植保无人机施药助剂能够改变雾滴粒径分布，减少飘失。据国外报道，在相同条件下，水的飘失量为21%，加入油类植保无人机施药助剂后飘失量变为13%。

（三）抗蒸发

试验表明，在相同条件下，25%嘧菌酯悬浮剂的蒸发速度为4.28微升/（厘米^2·秒），而加入植物油型植保无人机施药助剂的蒸发速度为3.95微升/（厘米^2·秒）。

（四）促沉积

加入植保无人机施药助剂后，助剂能够帮助药液很好地在植物体表润湿、渗透，提高了农药沉积。

四、植保无人机施药助剂的使用技术

植保无人机施药与人工喷雾相比具有喷液量小、雾滴细小、喷速较快的特点。在如此大的变化之下，如果没有助剂的添加，在特殊气候条件下就可能出现施药效果不好的情况。添加植保无人机施药助剂具有减少药液蒸发、促进药液在靶标上的快速布展、提高药液渗透、提高药效的作用。使用植保无人机施药助剂有时会出现使用效果差或出现问题，主要有以下原因。

（一）助剂选择性问题

对于非离子表面活性剂、矿物油、液体肥型喷雾助剂，在干旱条件下效果受影响，所以在干旱条件下应避免选择这些助剂。

在植保无人机施药助剂的选择上，建议选择具有多种功能的复合型助剂，不要将单一的有机硅用于植保无人机施药助剂。

（二）加入助剂量不够

高温干旱条件下，必须加入植物油型喷雾助剂量为喷液量的1%～2%，才能取得很好的效果。

（三）操作问题

植保无人机施药过程中，重喷、漏喷、悬停时未关闭喷头，都会对效果造成影响。

（四）气候问题

在气温为13～27℃、空气相对湿度大于65%、风速小于4米/秒时，施药较好。其他不适宜气候，尽量减少喷药。

五、植保无人机施药助剂的合理选择

合理选择植保无人机施药助剂可明显提高防治效果。市场上存在的助剂种类较多，如何正确选择植保无人机施药助剂是当前的一个重要问题。常规助剂不同于植保无人机施药助剂，在选择时一定要考虑以下几方面。

①从产品本身讲，要能针对性地解决植保无人机施药过程中的问题，因此产品需具备抗蒸发、抗飘移、促沉降、促附着、促吸收等性能。

②在不同的省份、针对不同作物、在不同病虫害上做了大面积试验示范及应用，且增效作用显著，即植保无人机施药助剂通用性一定要强。

③得到全国农技推广部门的验证，农技推广部门在评价植保无人机施药助剂时涉及面广，测试性能指标多，说服力强。

④在助剂生产企业方面，尽量选择综合实力强的大企业。大企业在原料筛选、生产工艺以及配方评价方面相对严谨，后期的

技术服务支持更加专业。

六、飞防效果评价与测试

在控制飞行高度和速度等飞行参数不变的情况下，药剂的理化性质与雾化性能是影响飞防效果的直接因素，与此同时，助剂也可以通过影响药液润湿面积和雾滴覆盖率，影响飞防药效。在实际筛选过程中，通过药液表面张力、接触角以及雾滴覆盖率等进行评价和测试，为植保无人机规范作业以及飞防专用药剂的选择与实际应用提供科学依据。

雾滴测试卡是一种用来检测农药喷雾中雾滴分布、雾滴密度和覆盖度以及雾滴大小的测试卡，其显色灵敏，应用便捷是检测植保无人机喷雾质量的重要手段之一。有研究利用雾滴测试卡测定使用植保无人机喷施 75%肟菌·戊唑醇水分散粒剂和 20%噻菌铜悬浮剂时的雾滴特性，结果表明添加飞防助剂能够增加药液润湿面积和雾滴覆盖率，提高飞防药效。

第四节　植保无人机配药与清洁

一、植保无人机配药

（一）药剂配比流程

1. 配比前准备

①检查确认配药工具齐全（水桶、母液桶、汇总桶、搅拌棒、橡胶手套、护目镜、防毒面具等）。

②检查确认个人防护用具着装（身穿长衣长裤、手戴橡胶手套、口戴防毒面具、眼戴护目镜、头戴防护帽）。

2. 药剂配置

①根据药品配方中所含药剂剂型按照以下顺序进行配比（叶面肥、可湿性粉剂、水分散粒剂、悬浮剂、微乳剂、水乳剂、水剂、乳油）。

②所用使用药剂严格按照二次稀释法配制，在母液桶加少量清水，将药剂分别单独加入母液桶进行稀释溶解后装入汇总桶，搅拌均匀后再往汇总桶内加水至所需用量。

③回收药品包装，集中妥善处理，不随意丢弃。

④植保无人机飞行作业时，作业人员应站在上风口处。

⑤植保作业结束后，应及时用清水清洗喷洒系统。

3. 二次稀释

对农药进行二次稀释也称为两步配制法，是农药配制的方法之一。二次稀释法配制农药药液，是先用少量水将药液调成浓稠母液，然后再稀释到所需浓度，它比一次配药具有许多优点：能够保证药剂在水中分散均匀；有利于准确用药；可减少农药中毒的危险。

农药进行二次稀释的方法如下。

①选用带有容量刻度的母液桶，将药放置于瓶内，注入适量的水，配成母液，再用量杯计量使用。

②先在母液内加少量的水，再加放少许的药液，充分摇匀，然后倒置汇总桶，再补足水混匀使用。

③若需要复配药剂时将所需要配的药剂在母液桶内分别稀释后倒入汇总桶，按照所需要的量进行定容。

注意：为了保证药液的稀释质量，配制母液的用水量应认真计算和仔细量取，不得随意多加或少用，否则都将直接影响防治效。

（二）农药混用原则和注意事项

在植保无人机飞防作业过程中，为了减少用药次数，同时达到提高防治效果的目的，常常会遇到两种或两种以上的农药、叶面肥混配使用的情况。农药混用虽有很多好处，但不能随意乱混。

1. 农药混用原则

（1）不同毒杀机制的农药混用

作用机制不同的农药混用，可以提高防治效果，延缓病虫产生抗药性。

（2）不同毒杀作用的农药混用

杀虫剂有触杀、胃毒、熏蒸、内吸等作用方式，杀菌剂有保护、治疗、内吸等作用方式，如果将这些具有不同防治作用的药剂混用，可以互相补充，会产生很好的防治效果。

（3）作用于不同虫态的杀虫剂混用

作用于不同虫态的杀虫剂混用可以杀灭田间的各种虫态的害虫，杀虫彻底，从而提高防治效果。

（4）具有不同时效的农药混用

农药有的种类速效性防治效果好，但持效期短；有的速效性防效虽差，但作用时间长。这样的农药混用，不但施药后防效好，而且还可起到长期防治的作用。

（5）与增效剂混用

增效剂对病虫虽无直接毒杀作用，但与农药混用却能提高防治效果。

（6）作用于不同病虫害的农药混用

几种病虫害同时发生时，采用该种方法，可以减少喷药的次数，减少工作时间，从而提高功效。

2. 农药混用的注意事项

（1）不改变物理性状

即混合后不能出现浮油、絮结、沉淀或变色，也不能出现发热、产生气泡等现象。

（2）不同剂型之间不宜任意混用

如可湿性粉剂、乳油、浓乳剂、胶悬剂、水溶剂等以水为介质的液剂则不宜任意混用。

（3）保证混配后对农作物不会产生药害

各有效成分对农作物没有药害，其混配之后也不能产生药害，这是农药应遵循的原则。如果混用后有效成分之间发生化学反应，可能产生对农作物有药害的物质。例如，石硫合剂与波尔多液混用，可产生有害的硫化铜和可溶性铜离子，所以不能将石硫合剂和波尔多液混用。

（4）具有交互抗性的农药不宜混用

如杀菌剂多菌灵、甲基硫菌灵具有交互抗性。混合用不但不能起到延缓病菌产生抗药性的作用，反而会加速抗药性的产生，所以不能混用。

（5）生物农药不能与杀菌剂混用

许多农药杀菌剂对生物农药具有杀伤力，因此，微生物农药与杀菌剂不可以混用。

二、植保无人机清洁

植保无人机在田间地头打药，会沾染上农药，影响植保无人机的使用寿命。因此，应做好清洁工作。

（一）农药类

喷雾器、弥雾机等用后清洗马虎不得。

①一般农药使用后，用清水反复清洗，直到喷洒系统流出清

水晾干即可。

②不能晾干的情况时，喷洒在碱性条件下分解或者失效的药剂时，可用肥皂水、洗衣粉水、苏打水等碱性溶液清洗。

③对毒性大的农药，用后可用泥水反复清洗，再用清水冲洗，倒置晾干。

（二）除草剂类

1. 清水清洗

麦田常用除草剂如苯磺隆，玉米田除草剂如乙·莠等，大豆、花生田除草剂如氟吡禾灵，水稻田除草剂如二氯喹啉酸、灭草松等，在喷完后需马上用清水清洗桶及各零部件数次，之后将清水灌满喷雾机浸泡 2～24 小时，再清洗 2～3 遍，便可放心使用。

2. 硫酸亚铁洗刷

对小麦除草剂中有一定吸附性的 2 甲 4 氯等，在喷完该除草剂后，需用 0.5%的硫酸亚铁溶液充分洗刷。

（三）粉剂和乳油药剂

植保无人机不建议喷洒粉剂，如果使用少量粉剂后可用温水和洗衣粉反复清洗。对化控类粉剂需要灌满植保无人机喷洒系统浸泡 2~24 小时，再清洗 2~3 遍。

对乳油类药剂可以用热水和肥皂水反复清洗再晾干。对化控类乳油（如二甲戊灵）需要灌满植保无人机喷洒系统浸泡 2~24 小时，再清洗 2~3 遍。

第四章　植保无人机飞行训练

第一节　起飞前准备

一、操作植保无人机的技术标准

操作植保无人机的技术标准大致可分为两类：一类是植保无人机自身的技术标准；另一类是植保无人机操作人员的技术标准。熟悉这两类技术标准是保障植保无人机飞行安全的基础。

（一）植保无人机自身的技术标准

《植保无人飞机 质量评价技术规范》（NY/T 3213—2018）、《植保无人机田间试验技术规范》（DB41/T 2098—2021）对进行作业的植保无人机的质量进行了规定：①植保无人机空机质量应不大于116 千克，最大起飞质量应不大于150 千克，且在温度60℃和相对湿度95%环境条件下，进行4 小时的耐候试验后，应能正常作业；②植保无人机应能在（6±0.5）米/秒风速的自然环境中正常起飞，且在常温条件下起动3 次，成功次数不少于1次；③植保无人机空载和满载悬停时，不应出现掉高或者坠落等现象，且应具有药液和电量剩余量显示功能，便于操作者观察；④同时具备手动控制模式和自主控制模式，确保在作业过程中2种模式的自由切换，同时具备防雾滴飘移、断点续喷、变量喷雾、精确定位、自动仿地、自动避障绕障、作业过程及数据可视化等功能；⑤植保无人机应当具有限高、限速、限距及避障功能，以免在作业时遇到障碍物发生安全事故。

（二）植保无人机操作人员的技术标准

植保无人机操作人员自身素质是植保无人机安全作业的首要保障，《植保无人飞机 作业质量》（NY/T 4258—2022）规定，操控员应经过专业的培训，并取得操控植保无人机的资质证明。《植保无人机茶园施药安全作业技术规程》（DB 4115/T 081—2021）规定，飞防作业应当由1名操控员和至少1名辅助作业人员组成，且身体健康，具备基本的植保知识，掌握施药剂量、施药技术和操作方法。同时飞防工作人员需要经过急救培训，并有应急处理能力，操控植保无人机8小时之前，不可饮酒，不得连续12小时以上的疲劳作业，不得带病操作，以免造成炸机等事故。《植保无人机安全操作技术规范》（DB63/T 2099—2023）规定操作人员在进行作业时，需要保护自身安全，做好穿戴防护服、遮阳帽、口罩、防护眼镜、橡皮手套、长筒靴等措施。

二、起飞场地的选取

（一）起飞场地的要求

对于无人驾驶固定翼飞机，起飞跑道（起飞场地）是必不可少的。选取能满足无人机起飞要求的跑道是非常重要的。主要考虑5个方面：起飞跑道的朝向、长度、宽度、平整度及周围障碍物。不同种类和型号的飞机对这5个方面的要求也不同。例如，重型固定翼飞机抗风性能强，要求起飞跑道的朝向不一定是正风，但是要求起飞跑道较长；大型无人机由于本身体积因素，要求起飞跑道更宽；所有固定翼飞机都要求起飞跑道尽量平整、起飞跑道尽头不得有障碍物，跑道两侧尽量不要有高大建筑物或树木。

（二）起飞场地实地勘察与选取

根据不同飞机对起飞场地的要求，有目的地进行实地勘察。当某一处场地的起飞跑道不能满足要求时，应在附近再次勘察。实在没有找到符合要求的场地时，应向上一级工程师报告，等待进一步的指导。

（三）起飞场地清整

起飞场地清整内容包括起飞跑道上较大石块、树枝及杂物的清除，用铁锹铲土填平跑道上的坑洼。用石灰粉、划线工具在地上画起跑线和跑道宽度线，适合该机型起飞的跑道宽度。

（四）起飞安全区域

无人机起飞区域必须绝对安全，国家对空域是有限开放的。2015 年，全国低空空域管理改革工作会议制定了包括广州、海南、杭州、重庆在内的 10 大城市正在试点的 1 000 米以下空域管理改革实施方案。无人机的起飞区域必须严格遵守国家规定的相关法令，除了遵守 1 000 米以下空域管理规定，还应根据无人机的起降方式，寻找并选取适合的起降场地，起飞场地应满足以下要求。

①距离军用、商用机场须在 10 千米以上。

②起飞场地相对平坦、通视良好。

③远离人口密集区，半径 200 米范围内不能有高压线、高大建筑物、重要设施等。

④起飞场地地面应无明显凸起的岩石块、土坎、树桩，也无水塘、大沟渠等。

⑤附近应无正在使用的雷达站、微波中继、无线通信等干扰源，在不能确定的情况下，应测试信号的频率和强度，如对系统设备有干扰，须改变起降场地。

⑥无人机采用滑跑起飞的，滑跑路面条件应满足其性能指标

要求。

三、气象情报的收集

气象是指发生在天空中的风、云、雨、雪、霜、露、雷电等一切大气的物理现象，每种现象都会对飞行产生一定影响。其中，风对飞行的影响最大，其次是温度、能见度和湿度。下面主要介绍它们对飞行的影响，以及定性和定量收集其信息的方法。

（一）风对飞行的影响

无论是飞机的起飞、着陆，还是在空中飞行，都受气象条件的影响和制约。其中，风对其造成的影响尤为突出。风的种类主要有顺风、逆风、侧风、大风、阵风、风切变、下沉气流、上升气流和湍流等，在这里主要介绍顺风、逆风、侧风和风切变及其对起飞的影响。

1. 顺风

顺风是指风的运动方向与飞机起飞运动方向一致的风。这种情况下起飞是最危险的，因为无人机的方向控制只能靠方向舵完成，而方向舵上没有风就无法正确控制方向，容易造成飞行事故。飞机的垂直尾翼在逆风情况下有利于对飞机的方向控制，而顺风则不利于对飞机的方向控制。顺风还会增加飞机在地面的滑跑速度和降低飞机离地后的上升角。

2. 逆风

逆风是指风的运动方向与飞机起飞运动方向相反的风。这种情况下起飞是最安全的，因为无人机的方向控制只能靠方向舵完成，而方向舵上有风就容易控制方向，容易保障起飞的稳定和安全。逆风可以缩短飞机滑跑距离、降低滑跑速度和增加上升角，这样就不容易使飞机冲出跑道。

3. 侧风

侧风是指风的运动方向与飞机起飞运动方向垂直的风。在发生的与风有关的飞行事故中，近半数飞行事故是侧风造成的。在侧风情况下，要不断调整飞行姿态和飞行方向，而且尽量向逆风方向调整，即在起飞阶段，飞机离开地面后，向逆风方向转弯飞行。

4. 风切变

风切变的定义有多种，它是指风速和（或）风向在空间或时间上的梯度；它是在相对小的空间里的风速或风向的改变；它是风在短距离内改变其速度或方向的一种情况，其区域的长和宽分别为25~30千米和7~8千米，而其垂直高度只有几百米。风切变的特征是诱因复杂、来得突然、时间短、范围小、强度大、变幻莫测。风切变对飞行的影响有：顺风风切变会使空速减小，逆风风切变会使空速增加，侧风风切变会使飞机产生侧滑和倾斜，垂直风切变会使飞机迎角变化。总的来说，风切变会使飞机的升力、阻力、过载和飞行轨迹、飞机姿态发生变化。

风切变对无人机的影响不易察觉，一般通过自驾仪自动完成调整。在低空遥控飞行时，如果发现飞机的飞行动作与遥控指令不一致，说明遇到风切变，这时应使无人机保持抬头姿态并使用最大推力，以建立稍微向上的飞行轨迹或减少下降。

（二）气象情报的采集

气象情报可以通过专用仪器进行采集，也可以通过观察、询问、上网等方式收集。以下着重介绍风、温度、湿度和能见度数据的采集。

1. 风数据的采集

风速的检测。风速又称风的强弱，是指空气流动的快慢。在气象学中特指空气在水平方向的流动，即单位时间内空气移动的水平距离，以米/秒为单位，取一位小数。最大风速是指在某个时段内出现的最大10分钟平均风速值；极大风速（阵风）是指某个时段内出现的最大瞬时风速值；瞬时风速是指 3 秒的平均风速。风速可以用风速仪测出，风速分 12 级，1 级风是软风，12级风是飓风，见表 4-1。一般大于 4 级风（和风），就不适宜无人机的飞行。

表 4-1 风速表

风级	风速（米/秒）	风名	参照物现象
0	0~0.2	无风	烟直上
1	0.3~1.5	软风	树叶微动，烟能表示方向
2	1.6~3.3	轻风	树叶微响，人面感觉有风
3	3.4~5.4	微风	树叶和细枝摇动不息，旗能展开
4	5.5~7.9	和风	能吹起灰尘、纸片，小树枝摇动
5	8.0~10.7	清风	有时小树摇摆，内陆水面有小波
6	10.8~13.8	强风	大树枝摇动，电线呼呼响，举伞困难
7	13.9~17.1	疾风	全树摇动，大树枝弯下来，迎风步行不便
8	17.2~20.7	大风	树枝折断，迎风步行阻力很大
9	20.8~24.4	烈风	平房屋顶受到损坏，小屋受破坏
10	24.5~28.4	狂风	可将树木拔起，将建筑物毁坏
11	28~32.6	暴风	陆地少见，摧毁力很大，遭重大损失
12	>32.6	飓风	陆地上绝少，其摧毁力极大

风向的检测。地表面风向的检测可以通过在遥控器天线上系一条红色丝绸带，将遥控器天线拉出并直立，观察到红色丝绸带飘动的方向，即风吹来的方向。也可以用风向标观察风的方向，风向标分头和尾，头指向的方向即为风向，头指向东北就是东北风。风向的表示有东风、南风、西风、北风、东南风、西南风、东北风、西北风。

2. 温度数据的采集

温度是表示物体冷热程度的物理量，温度只能通过物体随温度变化的某些特性来间接测量，而用来度量物体温度数值的标尺叫温标。它规定了温度的读数起点（零点）和测量温度的基本单位。温度的国际单位为热力学温标（K）。目前国际上用得较多的其他温标有华氏温标（℉）、摄氏温标（℃）和国际实用温标。

（1）指针式温度计

指针式温度计是形如仪表盘的温度计，也称寒暑表，用来测室温，是利用金属的热胀冷缩原理制成的。它是以双金属片作为感温元件，用来控制指针。双金属片通常是用铜片和铁片铆在一起，且铜片在左，铁片在右。由于铜的热胀冷缩效果要比铁明显得多，因此当温度升高时，铜片牵拉铁片向右弯曲，指针在双金属片的带动下就向右偏转（指向高温）；反之，温度变低，指针在双金属片的带动下就向左偏转（指向低温）。

（2）铂电阻测温

铂电阻测温可分为金属热电阻式和半导体热电阻式两大类，前者简称热电阻，后者简称热敏电阻。常用的热电阻材料有铂、铜、镍、铁等，它具有高温度系数、高电阻率、化学和物理性能稳定、良好的线性输出等特点，常用的热电阻有 PT100、PT1000等，如图 4-1 所示。

（3）热电偶测温

热电偶测温是将两种不同的金属导体焊接在一起，构成闭合回路（图 4-2），如在焊接端（即测量端）加热产生温差，则在回路中就会产生热电动势，此种现象称为塞贝克效应。如将另一端（即参考端）温度保持一定（一般为 0℃），那么回路的热电动势则变成测量端温度的单值函数。这种以测量热电动势的方法

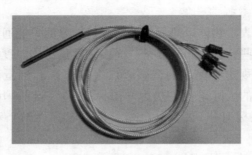

图4-1 铂电阻温度传感器

来测量温度的元件，即两种成对的金属导体，称为热电偶。热电偶产生的热电动势，其大小仅与热电极材料及两端温差有关，与热电极长度、直径无关。

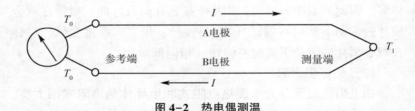

图4-2 热电偶测温

（4）温度传感器

温度传感器的安装方式主要有两种，接触式和非接触式（表4-2）。接触式测量的主要特点是方法简单、可靠，测量精度高。但是，由于测温元件要与被测介质接触进行热交换，才能达到平衡，因而产生了滞后现象。非接触式测温是通过接收被测介质发出的辐射热来判断的，其主要特点是：测温不受限制，速度较快，可以对运动物体进行测量。但是它受到物体的辐射率、距离、烟尘和水汽等因素影响，测温误差较大。非接触式红外传感器可以将温度信号转换成0~20毫安或0~10伏的标准电信号，将该信号接入操控系统就可以在地面站显示被测物体的表面温度，例如，实时监视飞机发动机的温度等。

表4-2 接触式和非接触式温度传感器

实物图	安装方式	测量范围及精度
	接触式管道螺纹安装，将温度传感器拧到被测物体螺纹孔里	0～50℃，±0.5℃
	接触式贴片安装，用带垫片的螺钉将其固定到被测物体上	0～50℃，±0.5℃
	手持式非接触温度测温仪，手持温度测温仪，对准被测物体，距离在1.5米内，按下测试按钮，在液晶屏上读取温度值	-18～400℃，±2℃

3. 湿度的测量

湿度是指空气中含水的程度，可以由多个量来表示空气的湿度，包括：绝对湿度、相对湿度、比湿、露点等。用来测量湿度的仪器叫作湿度计，下面主要介绍绝对湿度、相对湿度的测量。

（1）绝对湿度

绝对湿度是指一定体积的空气中含有的水蒸气的质量，单位为克/米³。绝对湿度的最大限度是饱和状态下的最高湿度。绝对湿度只有与温度一起才有意义，因为空气中能够含有的湿度的量随温度而变化，在不同的高度中绝对湿度也不同。绝对湿度越靠近最高湿度，它随高度的变化就越小。常见的湿度测量方法有动态法（双压法、双温法、分流法）、静态法（饱和盐法、硫酸法）、露点法、干湿球法和电子式传感器法，下面主要介绍常用的测量湿度的方法。

干湿球法是18世纪就发明的测湿方法，历史悠久，使用最普遍。干湿球测湿法采用间接测量方法，通过测量干球、湿球的温度，经过计算得到湿度值。因此对使用温度没有严格限制，在高温环境下测湿不会对传感器造成损坏。干湿球湿度计（图4-3）的特点是：干湿球湿度计的准确度还取决于干球、湿球两支温度计本身的精度；湿度计必须处于通风状态，只有纱布水套、水质、风速都满足一定要求时，才能达到规定的准确度（5%～7%RH）。可以通过目测，将干球温度值标记与湿球温度值标记连一条直线，该直线与中间湿度值标记线相交，直接读出湿度值。

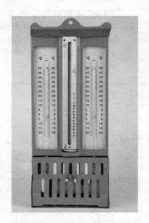

图4-3　干湿球湿度计

近年来，国内外在湿度传感器研发领域取得了长足进步。湿敏传感器正从简单的湿敏元件向集成化、智能化、多参数检测的方向迅速发展。电子式湿度传感器如图4-4所示。可以从电子湿度计的屏幕上直接读出湿度值。

图4-4　电子式湿度计

（2）相对湿度

相对湿度是绝对湿度与最高湿度之间的比，它的值显示水蒸气的饱和度有多高。相对湿度为100%的空气是饱和的空气。相对湿度为50%的空气含有的水蒸气是同温度饱和空气中所含水蒸气的一半。相对湿度超过100%的空气中的水蒸气一般凝结出来。随着温度的增高，空气中可以含的水蒸气也增多，也就是说，在同样多的水蒸气的情况下，温度升高相对湿度就会降低。因此在提供相对湿度的同时也必须提供温度数据。

4. 能见度数据的采集

气象能见度是指视力正常的人，在白天当时的天气条件下，用肉眼观察，能够从天空背景中看到和辨认的目标物的最大水平距离。在夜间则是指中等强度的发光体能被看到和识别的最大水平距离，单位为米或千米。在空气特别干净的北极或是山区，能见度能够达到70~100千米，然而能见度通常由于大气污染以及湿气而有所降低。各地气象站报道的霾或雾可将能见度降低至零。雷雨天气、暴风雪天气也属于低能见度的范畴内。国际上对能见度的定义："烟雾的能见度定义为不足 1 千米；薄雾的能见度为 1~2 千米；霾的能见度为 2~5 千米。"烟雾和薄雾通常被认为水滴是其重要组成部分，而霾和烟由微小颗粒组成，粒径相比水滴要小。能见度不足 100 米的称为能见度为零，在这种情况下道路会被封锁，自动警示灯和警示灯牌会被激活以示提醒。在能见度为 2 千米情况下，无人机绝对不可以起飞。

第二节　飞行前检测

为了保障无人机的飞行安全，在飞行前必须进行严格的检测，主要包括动力系统检测与调整、机械系统检测、电子系统检测和机体检查。具体内容如下。

一、动力系统检测与调整

（一）两冲程发动机的准备

1. 燃料的选择与加注

两冲程活塞发动机有酒精燃料和汽油燃料之分。酒精燃料主要包括无水甲醇、硝基甲烷和蓖麻油，比例为 3：1：1；汽油燃料一般为 93 号（92 号）汽油。加注时，首先准备一个手动或电动油泵及其电源，将油泵的吸油口硅胶管与储油罐连接，油泵的出油口硅胶管与飞机油箱连接。手动或电动加注相应的燃料。根据上级布置飞行任务的时间及载重情况，决定加注燃料的多少。

2. 发动机的启动与调整

目前常用到的活塞发动机有两种，甲醇燃料发动机（图4-5）和汽油燃料发动机（图 4-6）。其启动过程比较复杂，但它们在启动过程中，对油门和风门的调整原理相似。发动机主油门针、怠速油门针和风门的调整对发动机功率、耗油量、寿命、噪声都有影响，下面分别介绍。

　　首先将飞机放在跑道上，油箱注满燃料，点火电池放在火花塞上，遥控器与风门同步动作，启动器接触螺旋桨整流罩，然后进行如下操作。

图4-5　甲醇燃料发动机

图4-6　汽油燃料发动机

　　用旋转的启动器带动螺旋桨，待发动机自行运转后，就可以开始调节油门针了。油动发动机主油门针的调整是通过旋转主油门针调整手柄来完成的，主油门针如图4-5、图4-6所示。主油门针调整手柄是一个表面有滚花的钢质圆柱体，有一个卡簧压在花纹上，可以使主油门针逐格旋转，主油门针的针柄侧壁上有一个圆形的小螺纹孔，它有两个作用：其一，它可以作为标记，帮助记住油门针的位置；其二，它可以固定加长油门针杆。主油门针位置有的在汽化器上，有的在发动机后侧底盖支架上。主油门针在发动机输出最大功率，即"大风门"时的调整作用最为明显。一般认为主油门针在发动机输出最大功率时确立基本的燃气混合比。

　　怠速油门针，顾名思义，是调整怠速的，通过旋转怠速油门针调整螺钉来完成。怠速油门针调整螺钉的位置在汽化器的相对主油门针的一侧，与风门调整摇臂的旋转轴共轴，一般是在一个洞里，但有时也露在外面，是一个铜黄色的一字螺钉。怠速油门针在发动机低转速，即"小风门"时调整作用明显。怠速油门针和混合量控制油门针在发动机非输出最大功率时起到限制燃料供给量的作用。

　　风门是指吸入汽缸内空气流的必经之地，它位于主油门针与怠速油门针之间的喉管（进气通道）中，它的活动机构很容易被看见。怠速油门针就固定在其中的一端，同时在这端还有一个摇臂与风门控制舵机上的连杆相连，使风门与舵机联动。风门控制的道理与水龙头差不多，从进气口向内看，风门与喉管壁形成一个通道，风门完全打开时通道是圆形的，风门不完全打开时通道是枣核形的。改变摇臂位置可以改变通道的大小，从而限制进入发动机的"燃气"量。风门是联合调整量，在风门改变的同时，其内部机构会牵连怠速油门针一起运动，使进油量随风门同步增减，控制进油量与发动机转速匹配。在调整时风门作为基准量，它的位置表示了当前发动机理想的工作状态，如风门全部打开，发动机转速最高，输出最大马力；风门只打开一条缝，发动机转速最低，处于怠速状态。理论上，调整发动机就是在风门打开到不同位置时把两个油门针旋转到适当位置。但实际上只需在风门全开（即"大风门"）和风门只打开一条缝（即"怠速"）时分别调整主油门针和怠速油门针即可。风门的调节有3种，粗调节、细调节和大风门调节。

　　①风门的粗调节。启动发动机后，将风门开至最大，主油门

针调小，发动机转速升高，主油门针继续调小，发动机转速开始下降，这时主油门针调大，使发动机稳定在最高转速。在此基础上，将风门缓慢调小，观察到进气口有少量油滴喷出，将怠速油门针调小45°。将风门再次开至最大，左右旋转主油门针，使发动机稳定在最高转速。将风门缓慢调小，观察到进气口还有少量油滴喷出，将怠速油门针再调小45°。将风门再次开至最大，左右旋转主油门针，使发动机稳定在最高转速。将风门缓慢关小，观察到进气口没有油滴喷出为止。

②风门的细调节。注意发动机转速，发动机稳定在低一些的转速。再将风门缓慢调小一些，发动机再次稳定在低一些的转速。再将风门缓慢调小一些，发动机转速不再稳定，而是持续减小，这时将风门开大一些使转速再次稳定，即找到怠速位置。掐紧输油管，发动机转速先不变然后升高，松开输油管，将怠速油门针关小20°。将风门全开3秒，再将风门缓慢关小，找到怠速位置，此时发动机转速比第一次要低，掐紧输油管，发动机转速先不变然后升高，但保持不变的时间比第一次短，松开输油管，将怠速油门针关小20°。将风门全开3秒，再将风门缓慢关小，找到怠速位置，此时发动机转速比第二次要低，掐紧输油管，发动机转速立即升高。将风门全开3秒，将风门关至怠速10秒，迅速将风门打开，注意发动机转速，发动机转速先保持一会再增加，将怠速油门针关小20°。将风门全开3秒，将风门关至怠速10秒，迅速将风门打开，发动机转速迅速增加，跟随性良好。

③大风门调节。左右旋转主油门针，使发动机稳定在最高转速，调整结束。转速测量，将非接触数字式转速表放在正在运转的发动机附近（10厘米），读取数值。将调节好的发动机，不灭火，以怠速状态等待起飞。

注意事项如下。

①手指或身体部位躲开正在转动的发动机桨叶。

②不要站在发动机桨叶旋转平面位置。

③不要站在发动机排气管出口位置。

(二) 无刷电动机的准备

无刷电动机 (图4-7) 又称无刷直流电动机, 由电动机主体和驱动器组成, 是一种典型的机电一体化产品。无刷直流电动机是以自控式运行的, 中小容量的无刷直流电动机的永磁体现在多采用稀土钕铁硼 (Nd-Fe-B) 材料。

图4-7　无刷电动机

1. 无刷电动机试运行步骤

①首先用手指拨动桨叶, 转动无刷电动机, 确认没有转子碰擦定子的声音。

②将无刷电动机电缆接到控制器上。

③身体部位躲开螺旋桨旋转平面。

④将无刷电动机控制器上电, 遥控器最后上电。

⑤轻轻拨动加速杆, 螺旋桨旋转, 并逐渐升速。

⑥加速杆拨回零位, 螺旋桨旋转停止。

⑦无刷电动机控制器断电, 遥控器最后断电。

⑧无刷电动机的准备工作结束。

2. 电源的准备

无人机上所用的电池主要是锂聚合物电池，如图4-8所示，它是在锂离子电池的基础上经过改进而成的一种新型电池，具有容量大、质量轻（即能量密度大）、内阻小、输出功率大的特点。另外，由于电池外壳是塑料薄膜，因而，即便短路起火，也不会爆炸。锂聚合物电池充满电后电压4.2伏，在使用中电压不得低于3.3伏，否则电池即损毁。这一点务必注意。无人机锂聚合物电池一般是2节或者3节串联后使用，电压12伏左右。由于锂电池耐"过充"性很差，所以串联成的电池组在充电时必须对各电池独立充电，否则会造成电池永久性损坏。所以，对锂电池组充电，必须使用专用的"平衡充电器"（图4-9），其充电电路如图4-10所示。

图4-8　锂电池

图4-9　平衡充电器

电池的存放应注意远离热源，避免光照。应定期对电池进行电压测试，当电压低于下限时，必须及时进行充电，直到充电器上显示充满信号（绿色指示灯亮）。例如，电池标称容量为4 000毫安·时，在充电完成后，在充电器仪表上显示≥3 800毫安·时，则充电合格。

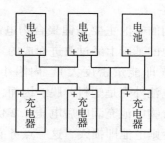

图 4-10   平衡充电器充电电路

二、机械系统检测

（一）舵机与舵面系统的检测

舵机是一种位置伺服驱动器。它接收一定的控制信号，输出一定的角度，适用于那些需要角度不断变化并可以保持的控制系统。在微机电系统和航模中，它是一个基本的输出执行机构。舵机由直流电动机、减速齿轮组、传感器和控制电路组成，是一套自动控制装置。所谓自动控制就是用一个闭环反馈控制回路不断校正输出的偏差，使系统的输出保持恒定。舵机主要的性能指标有扭矩、转度和转速。扭矩由齿轮组和电动机所决定，在 5 伏（4.8~6 伏）的电压下，标准舵机的扭力是 5.5 千克/厘米。舵机标准转度是 60°。转速是指从 0°至 60°的时间，一般为 0.2 秒。

舵机检测内容主要包括以下 5 点。

①舵机摆动角度应与遥控器操作杆同步。

②舵机正向摆动切换到反向摆动时没有间隙。

③舵机最大摆动角度应是 60°。

④舵机摆动速度应是 0.2 秒。

⑤舵机摆动扭矩应有力，达到 5.5 千克/厘米。

（二）舵机与舵面系统的调整

舵机输出轴正反转之间不能有间隙，如果有间隙，用旋具拧紧其固定螺钉。旋臂和连杆之间的连接间隙小于 0.2 毫米，即连杆钢丝直径与旋臂和舵机连杆上的孔径要相配。舵机旋臂、连杆、舵面旋臂之间的连接间隙也不能太小，以免影响其灵活性。舵面中位调整，尽量通过调节舵机旋臂与舵面旋臂之间连杆的长度使遥控器微调旋钮中位、舵机旋臂中位与舵面中位对应，微小的舵面中位偏差再通过微调旋钮将其调整到中位。尽量使微调旋钮在中位附近，以便在现场临时进行调整。

三、电子系统检测

（一）电控系统电源的检测

由于机载电控设备种类多，所以用快接插头式数字电压表进行电压测量，具体操作如下。

①首先将无人机舱门打开，露出自驾仪、舵机、电源等器件，准备 1 个带快接插头的数字电压表。

②测量各种电源电压，包括控制电源、驱动电源、机载任务电源等。将数字电压表的快接插头连接到上述各个电源快接插头上；读取数字电压表数值；记录数字电压表数值。

③将各个电源接好。

④从地面站仪表上观察飞机的陀螺仪姿态、各个电压数值、卫星个数（至少要 6 颗才能起飞）、空速值（起飞前清零）、高度（高度表清零）是否正常。

⑤测试自驾/手动开关的切换功能，切到自驾模式时，顺便测试飞控姿态控制是否正确（测试完后用遥控器切换手动模式，此时关闭遥控器应进入自驾模式）。

⑥遥控器开伞、关伞开关的切换功能。在手动模式，伞仓盖

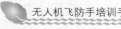

已经盖好，则需要人按住伞仓盖进行开伞仓盖测试；在自动模式，通过鼠标操作地面站开伞仓盖按钮，完成开伞仓盖测试，要求与手动模式测试相同。

⑦舵面逻辑功能检查，不能出现反舵。

⑧停止运转检查，先启动发动机，然后再停止，在地面站上观察转速表的读数是否为零。

注意事项如下。

①数字电压表的快接插头与各个电源快接插座的正负极性一致。

②如果电压低于规定值，应当立即更换电池。

（二）电控系统运行检测

在飞行前必须对无人机电控系统进行检测，首先将要进行检查的无人机放在空地上，打开地面站、遥控器以及所有机载设备的电源，运行地面站监控软件，检查设计数据，向机载飞控系统发送设计数据并检查上传数据的正确性，检查地面站、机载设备的工作状态，准备好无人机通电检查项目记录表格，见表4-3。

表4-3　无人机通电检查项目记录表

检查项目	检查内容
电池	通过放电试验确定电池的有效工作时间，确保以后的飞行都在可靠的有保证的供电时间内
	地面站的报警电压设置：主电源7伏，舵机电源4.6伏
监控站设备	地面站设备运行应正常
设计数据	检查设计数据是否正确，包括调取的底图、航路点数据是否符合航摄区域，整个飞行航线是否闭合，航路点相对起飞点的飞行高度，单架次航线总长度，航路点（包括起降点，特别是制式点1）、曝光模式（定点、定时、等距）、曝光控制数据的设置
数据传输系统	地面站至机载飞行控制系统的数据传输、指令发送是否正常
信号干扰情况	舵机及其他机载设备工作状态是否正常，有无被干扰现象

（续表）

检查项目	检查内容
遥控器	记录遥控器的频率；所有发射通道设置正确；遥控开伞响应正常
	遥控通道控制正常，各舵面响应（方向、量）正确（否则从地面站调整舵机反向），如果感觉控制量太大，可以修改舵机的遥控行程
	风门设置检查，启动发动机，捕获设置风门最大值、最小值（稳定工作怠速偏上）和能够收风门停车的位置。确保能够控制停车
	遥控器控制距离的检测。不拉出天线，控制距离至少在 20 米
	遥控和无人自主飞行控制切换正常
机体静态情况下的飞控系统	GPS 定位的检查。从开机到 GPS 定位的时间应该在 1 分钟左右，如果超过 5 分钟还不能定位，检查 GPS 天线连接或者其他干扰情况。定位后卫星数量一般都在 6 颗以上，位置精度因子 PDOP 水平定位质量数据越小越好，一般为 1~2
	卫星失锁后保护装置的检查。卫星失锁后保护装置应自动开启，伞仓门打开
	三轴陀螺零点、俯仰、滚转角的检查。通过设置俯仰滚转偏置使飞控的俯仰角和滚转角与飞机姿态对应起来。将飞机机翼水平放置，按下地面站"设置"对话框中的"俯仰滚转角"按钮，设置飞控的俯仰滚转角为零
	转速的检查。如果飞机安装了转速传感器，用手转动发动机，观察地面站是否有转速显示。转速分频设置是否正确
	加速度计数据的变化
	高度计的检查。变化飞机的高度，高度显示值将随之变化
	空速的检查。在空速管前用手遮挡住气流，此时空速显示值在零附近，否则请重新设置空速零位。再用手指堵住空速管稍用力压缩管内空气，空速显示值应逐渐增加或者保持，否则就有可能漏气或者堵塞。空速计系数，无风天气飞行中观察 GPS 地速与空速，修正空速计系数
	启用应急开伞功能，应急开伞高度应大于本机型设定值。例如，某机型开伞高度应大于 100 米

无人机飞防手培训手册
(续表)

检查项目	检查内容
机体振动状态下飞控系统的测试	启动发动机，在不同转速下观察传感器数据的跳动情况，舵面的跳动情况，特别是姿态表（地平仪）所示姿态数据。所有的跳动都必须在很小的范围内，否则改进减振措施
	数传发射对传感器的影响测试，在无人自主飞行模式下，如果影响较大，查看传感器数据中的实际值，观察陀螺数值是否都在零点左右；否则发射机天线位置必须移动。其他发射机（如图像发射机）也必须这样测试
	所有接插件接插牢靠，特别是电源
数据发送与回传	将设计数据从地面站上传到机载飞控系统，并回传，检查数据的完整性和正确性。例如，目标航路点、航路点的制式航线等是否正确
控制指令响应	手动/自动操控的检查，关闭遥控器，切换到无人自主飞行模式正常
	发送开伞指令，开伞机构响应正常
	发送相机拍摄指令，相机响应正常
	发送高度置零指令，高度数据显示正确

四、机体检查

无人机机体是飞行的载体，承载着任务设备、飞控设备、动力设备等，是整个飞行的基础。无人机机体检查项目如下。

（一）对机翼、副翼、尾翼的检查

①表面无损伤，修复过的地方要平整。

②机翼、尾翼与机身连接件的强度、限位应正常，连接结构部分无损伤，紧固螺栓须拧紧。

③整流罩安装牢固，零件应齐全，与机身连接应牢固，注明最近一次维护的时间。

（二）对电气设备安装的检查

①线路应完好、无老化。

②各接插件连接牢固。

③线路布设整齐、无缠绕。

④接收机、GPS、飞控等机载设备的天线安装应稳固。

⑤减振机构完好，飞控与机身无硬性接触。

⑥主伞、引导伞叠放正确，伞带结实、无老化，舱盖能正常弹起，伞舱四周光滑，伞带与机身连接牢固。

⑦油管应无破损、无挤压、无折弯，油滤干净，注明最近一次油滤清洗时间。

⑧起落架外形应完好，与机身连接牢固，机轮旋转正常。

⑨重心位置应正确，向上提拉伞带，使无人机离地，模拟伞降，无人机落地姿态应正确。

无人机飞行前按规定填写表格（表4-4、表4-5）进行检测，不仅可以避免漏项，还可以节约时间。

表4-4 无人机飞行前检查项目1

序号	检查项目	情况记录
1	设备使用记录表	
2	地面站设备检查项目	
3	任务设备检查项目	
4	无人机飞行平台检查项目	
5	燃油、电池检查项目	
6	设备使用记录表	
7	通电检查项目	

注：1. 将要进行检查的无人机放在检查工位上。

2. 准备好相关记录表格。

3. 逐项检查机体设备。

4. 填写设备状态记录。

5. 存在问题的须注明，签字和注明日期。

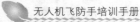

表 4-5 无人机飞行前检查项目 2

名称	飞行平台	发动机	飞控	任务设备	监控站	遥控器	弹射架	降落伞
型号								
状态								

(三) 机体外观检查

①将要进行检查的无人机放在空地上。

②准备好无人机飞行平台检查项目记录表格。

③逐项检查无人机部件 (表 4-6)，并填写部件状态记录，存在问题的须注明，查出问题，及时处理，最后签字和注明日期。

表 4-6 无人机部件检查项目

检查项目	检查内容	记录
机体外观	应逐一检查机身、机翼、副翼、尾翼等有无损伤，修复过的地方应重点检查	
连接机构	机翼、尾翼与机身连接件的强度、限位应正常，连接结构部分无损伤	
执行机构	应逐一检查舵机、连杆、舵角、固定螺钉等有无损伤、松动和变形	
螺旋桨	应无损伤，紧固螺栓须拧紧，整流罩安装牢固	
发动机	零件应齐全，与机身连接应牢固，注明最近一次维护的时间	
机内线路	线路应完好、无老化，各接插件连接牢固，线路布设整齐、无缠绕	
机载天线	接收机、GPS、飞控等机载设备的天线安装应稳固，接插件连接牢固	
飞控及飞控舱	各接插件连接牢固，线路布设整齐无缠绕，减振机构完好，飞控与机身无硬性接触	
任务载荷舱	照相机与机舱底部连接牢固	

（续表）

检查项目	检查内容	记录
降落伞	应无损伤，主伞、引导伞叠放正确，伞带结实、无老化	
伞舱	舱盖能正常弹起，伞舱四周光滑，伞带与机身连接牢固	
油箱	无漏油现象，油箱与机体连接应稳固，记录油量	
油路	油管应无破损、无挤压、无折弯，油滤干净，注明最近一次油滤清洗时间	
起落架	外形应完好，与机身连接牢固，机轮旋转正常	
飞行器总体	重心位置应正确，向上提伞带使无人机离地，模拟伞降，无人机落地姿态应正确	
空速管	安装应牢固，胶管无破损、无老化，连接处应密闭	

第三节　航线准备

一、航路规划

　　航路又被称为航迹、航线，航路规划即飞机相对地面的运动轨迹的规划。在无人机飞行任务规划系统中，飞行航路指的是无人机相对地面或水面的轨迹，是一条三维的空间曲线。航路规划是指在特定约束条件下，寻找运动体从初始点到目标点满足预定性能指标最优的飞行航路。

　　航路规划的目的是利用地形和任务信息，规划出满足任务规划要求相对最优的飞行轨迹。航路规划中采用地形跟随、地形回避和威胁回避等策略。

　　航路规划需要各种技术，如现代飞行控制技术、数字地图技术、优化技术、导航技术以及多传感器数据融合技术等。

要想完成无人机飞行任务，必须进行航路规划、航路控制和航路修正，下面简单介绍。

（一）航路规划步骤

①从任务说明书中了解本次任务，包括上级部署的航线、飞行参数、动作要求。

②给出航路规划的任务区域，确定地形信息、威胁源分布的状况以及无人机的性能参数等限制条件。

③对航路进行优化，满足无人机的最小转弯半径、飞行高度、飞行速度等约束条件。

④根据任务说明书的内容，以及上级指定的航线，在电子地图上画出整个飞行路线。

（二）航路的控制

当无人机装载了参考航路后，无人机上的飞行航路控制系统使其自动按预定参考航路飞行，航路控制是在姿态角稳定回路的基础上再加上一个位置反馈构成的。其工作过程如下：在无线信道畅通的条件下，由 GPS 定位系统实时提供飞机的经度和纬度，结合遥测数据链提供的飞机高度，将其与预定航路比较，得出飞机相对航路的航路偏差，再由飞行控制计算机计算出飞机靠近航路飞行的控制量，并将控制量发送给无人机的自动驾驶系统，机上执行机构控制飞机按航路偏差减小的方向飞行，逐渐靠近航路，最终实现飞机按预定航路的自动飞行，从而完成预定的飞行任务。

（三）航路的修正

在任务区域内执行飞行任务时，无人机是按照预先指定的任务要求执行一条参考航路，根据需要适时调整和修正参考航路。由于在执行任务阶段对参考航路的调整只是局部的，因此在地面准备阶段进行的参考航路规划对于提高无人机执行任务的效率至关重要。

　　航路威胁源的避让。无人机处于高空、高速飞行状态，可以将地形环境中高度的因素简单化考虑，即将三维的工作环境变成二维的环境，这样有助于将航路规划的任务简单考虑。但如果在有复杂地形的情况下，航路规划就变成了一项复杂的工作，要考虑针对地形跟随的低空突防的航路规划，这也要根据实际的情况来确定。将空间高度高于无人机最大飞行高度的山脉、天气状况恶劣的区域都表示为障碍区，等同于威胁源，用威胁源中心加上威胁半径来表示。在做无人机航路规划时要避开这些区域，具体做法如下。

　　①指定起始点和目标终点。

　　②通过任务规划，指定作业区域，用经纬度表示。

　　③给出作业设备能够作用的范围。用半径为 r 的圆表示，圆的中心即为作业区域的中心。

　　④给出威胁源的模型，用威胁半径为 r 的圆表示。建模的时候充分考虑不同的威胁源及其威胁等级，作为衡量航路路径选择的一个标准，使无人机在不同威胁源的情况下选择不同的航路。规划最安全的航路和最短的航路之间存在着矛盾，考虑安全性的同时还要考虑航路长度对燃油的消耗问题。两者结合考虑以获得最佳的航路，既在安全范围内，又能少消耗燃油。

二、地面站设备准备

（一）地面站硬件设备的连接

　　地面站设备主要是指地面站，它具有对自驾仪各种参数、舵机及电源进行监视和控制的功能。飞行前必须对其进行测试。将无人机地面站设备放在工作台上，打开地面站的电源，准备好无人机地面站检查项目记录表格（表4-7），逐项检查无人机地面站设备的连接情况。

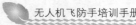

表4-7　地面站连接检查项目

检查项目	检查内容	记录
线缆与接口	线缆无破损，接插件无水、霜、尘、锈，针、孔无变形，无短路	
地面站主机	放置稳固，接插件连接牢固	
地面站天线	数据传输天线完好，架设稳固，接插件连接牢固	
地面站电源	正负极连接正确，记录电压数值	

注：1. 严格按照表格顺序进行检查，避免漏项。

　　2. 查出问题，及时处理。

　　3. 需要填写的部分，字迹要工整，语言符合行业规范。

　　4. 存在问题的须注明。

　　5. 签字和注明日期。

（二）地面站软件

1. 软件安装

地面站软件是完成航路规划的工具，必须将其安装在电脑上。具体安装步骤：地面站设备接通电源，主界面出现后，将地面站软件安装盘放入地面站或笔记本电脑的光驱，或将 U 盘插到地面站或笔记本电脑的 USB 接口；按照安装界面提示的路径进行操作，完成安装。重新启动地面站，进入地面站操作主页面，等待具体规划。

2. 软件界面认知

地面站是操作功能全面的指挥控制中心，它是操作培训、软件模拟、飞控调试、实时三维显示以及飞行记录分析的一体化无缝工作平台。双击地面站图标，进入无人机地面操控界面，可进行模拟控制、结合 UP 等可进行模拟飞行、实时对无人机进行飞行控制、记录回放等。

一般界面的左方是地图区，右方是功能区，下方是参数显示区和状态显示区。在该地面站界面中，可以完成的功能如下。

①模拟状态的飞行软件选择、数传电台的数据传输情况。

②焦点飞行器实时姿态、速度、高度等飞行参数显示，滑动条可用于控制飞行器飞行。

③飞行器实时信息显示。

④相关飞行航线设置的功能区以及比例尺的显示。

⑤位置信息显示和地图种类选择。

⑥地图区是屏幕中间最大的部分，用于观察飞行器姿态、航线设定、实时飞行控制等。

关于航线设定界面，在地图区域点击鼠标左键进入航线规划界面。将光标移到航点上按下鼠标左键即可拉动此航点到任意位置。如果需要修改其他属性，双击航点即可打开航点编辑视窗。如想要删除或增添航点，用鼠标左键点击选择一个航点，再点击鼠标右键，跳出菜单后选取相应操作，航线绘制完毕上传退出即可。

3. 地图知识

在地面站进行航线规划操作时，离不开地图相关的知识，这里还需要掌握地图比例尺相关知识。地图上的比例尺，表示图上距离比实地距离缩小的程度，因此也叫缩尺。

用公式表示为：比例尺＝图上距离/实地距离。

比例尺通常有 3 种表示方法。

①数字式，用数字的比例式或分数式表示比例尺的大小。例如，地图上 1 厘米代表实地距离 100 千米，可写成 1∶10 000 000。

②线段式，在地图上画一条线段，并注明地图上 1 厘米所代表的实地距离。

③文字式，在地图上用文字直接写出地图上 1 厘米代表实地距离多少千米，如图上 1 厘米相当于地面距离 100 千米。

第四节　起飞操作

一、无人机遥控器操作

无人机遥控器有很多品牌，如天地飞、华科尔、JR 和 Futaba等，可以根据实际需要进行选择。对于品牌无人机，其遥控器一般是单独开发的。使用遥控器之前，要仔细阅读其使用说明书。

（一）遥控器的常用术语

1．通道

通道就是遥控器可以控制的动作路数，比如遥控器只能控制四轴上下飞，那么就是 1 个通道。但四轴在控制过程中需要控制的动作路数有上下、左右、前后、旋转，所以最低需要 4 通道遥控器。

2．油门

遥控器油门在无人机中控制供电电流大小，电流大，电动机转得快、飞得高、力量大。

3．美国手、日本手和中国手

这 3 种类型的遥控器只是根据不同人的习惯而变换了两个摇杆不同的位置，如图 4-11 所示，美国手、日本手和中国手只是在方向舵、加减油门、升降舵、副翼的位置上由于个人习惯的不同而位置不同，使用者可以根据自己的习惯进行选择。

图 4-11　美国手、日本手和中国手

（二）遥控器部件名称

遥控器分为发射机和接收机，发射机握持在使用者的手中，接收机安装在多旋翼无人机上以接收发射机的信号。

天地飞 WFT07 是 7 通道遥控器，发射机各部分名称如图 4–12 所示。

7 通道 2.4GHz 接收机如图 4–13 所示，其外形尺寸（长×宽×高）为 40.42 毫米×27.27 毫米×11.88 毫米，电压为 4.8~6 伏，电流为 30 毫安，频率为 2.400~2.483 千兆赫，质量为 9.6 克。

该遥控器主要用于控制直升机和固定翼航模，各通道名称与多旋翼无人机所需要的不匹配，比如，多旋翼无人机没有副翼、起落架、螺距这一说。所以，当该遥控器应用于多旋翼无人机的时候，各通道名称需适当修改，不过这个问题不大，很容易解决，自行重新定义各通道的作用使其符合多旋翼无人机的使用规律即可。

（三）遥控器对频

对频就是让接收器认识遥控器，从而能够接收遥控器发出的信号。通常情况下，套装的遥控器在出厂之前就已经完成了对频，可以直接使用。如果需要手动对频，请参照相应的遥控器说明书来进行，以下仅以较为常用的某型遥控器为例进行对频操作的简要介绍。

①将发射机和接收机的距离保持在 50 厘米以内，打开发射机的电源，如图 4–14 所示。

②在遥控器关联菜单下面打开系统界面，如图 4–15 所示。

③如果使用 1 个接收机，选择 "SINGLE"，如果 1 台发射机要对应 2 个接收机，则选择 "DUAL"。选择后者的时候，需要同时与 2 个接收机进行对频，如图 4–16 所示。

④选择下拉菜单中的 "LINK" 并按下 RTN 键，如果发射机

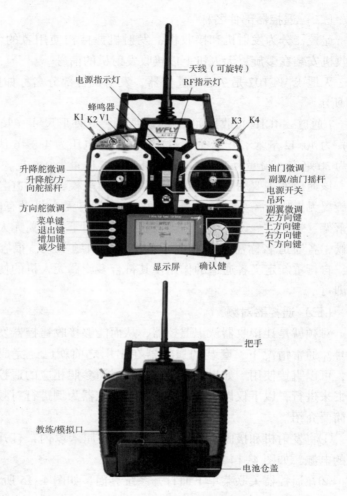

图 4-12　WFT07 遥控器发射机各部分名称

注：K1 代表两挡位、油门锁定、油门熄火；K2 代表三挡位、定时器、5 通道；K3 代表两挡位、大小动作、飞行模式；K4 代表 7 通道。

AIL:副翼（第1通道）
ELE:升降舵（第2通道）
THR:油门（第3通道）
RUD:方向舵（第4通道）
GRY:起落架（第5通道）
RIT:螺距（第6通道）
辅助通道（第7通道）

图 4-13　7 通道 2.4GHz 接收机通道均可作为电源输入

50厘米以内

图 4-14　发射机和接收机距离

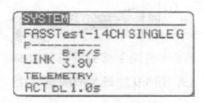

图 4-15　系统界面

发出嘀嘀声，则表示已经进入对频模式，如图 4-17 所示。

　　⑤进入对频模式之后，立刻打开接收机的电源。

　　⑥打开接收机电源几秒钟后，接收机进入到等待对频状态。

　　⑦等到接收机的 LED 指示灯从闪烁变为绿灯长亮，则表示

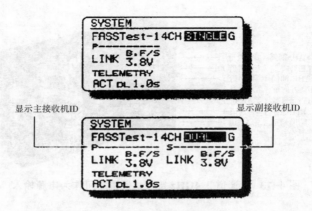

显示主接收机ID　　　　　　　　　　　　　　　显示副接收机ID

图 4-16　选择接收机个数的界面

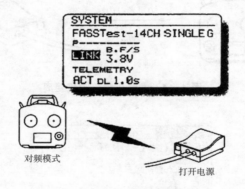

对频模式

打开电源

图 4-17　进入对频模式

对频已完成，如图 4-18 所示。

通常在以下情况下需要进行对频操作：使用非原厂套装的接收机时；变更通信系统之后。

（四）遥控器拉距实验

无人机拉距实验的目的是对遥控系统的作用距离进行外场测试。每次拉距时，接收机天线和发射机天线的位置必须是相对固

图 4-18　对频完成

定的。拉距的原则是要让接收机在输入信号比较弱的情况下也能正常工作，这样才可以认为遥控系统是可靠的。具体的方法是将接收机天线水平放置，指向发射机位置，而发射机天线也同时指向接收机位置。由于电磁波辐射的方向性，此时接收机天线所指向的方向，正是场强最弱的区域。

　　用新的遥控设备进行拉距实验时，应先拉出 1 节天线，记下最大的可靠控制距离，作为以后例行检查的依据。然后再将天线整个拉出，并逐渐加大遥控距离，直到出现跳舵。当天线只拉出 1 节时，遥控设备应在 30~50 米的距离上工作正常。而当天线全部拉出时，应在 500 米左右的距离上工作正常。

　　所谓的工作正常，标准是舵机没有抖动。如果舵机出现抖动，要立即关闭接收机，此时的距离刚好是地面控制的有效距离。

　　老式的设备不允许在短天线时开机，否则会把高频放大管烧坏。新式设备都增加了安全装置，不用再担心烧管的问题。但镍镉电池刚充完电时不能立刻开机，因为此时发射机电源的电压有可能会超过额定值。

二、无人机起飞操纵

（一）无人机常用起飞方法

1. 滑跑起飞

对于滑跑起降的无人机，起飞时将飞机航向对准跑道中心线，然后启动发动机。无人机从起飞线开始滑跑加速，在滑跑过程中逐渐抬起前轮。当达到离地速度时，无人机开始离地爬升，直至达到安全高度。整个起飞过程分为地面滑跑和离地爬升两个阶段。

2. 母机投放

母机投放是使用有人驾驶的飞机把无人机带上天，然后在适当位置投放起飞的方法，也称空中投放。这种方法简单易行，成功率高，并且还可以增加无人机的航程。

用来搭载无人机的母机需要进行适当改装，比如在翼下增加几个挂架，飞机内部增设通往无人机的油路、气路和电路。实际使用时，母机可以把无人机带到任何无法使用其他起飞方式的位置进行投放。

3. 火箭助推

无人机借助固体火箭助推器从发射架上起飞的方法称为火箭助推。这种起飞方式是现代战场上广泛使用的一种机动式发射起飞方法。有些小型无人机也可以不使用火箭助推器，而采用压缩空气弹射器来弹射起飞。

无人机的发射装置通常由带有导轨的发射架、发射控制设备和车体组成，由发射操作手进行操作。发射时，火箭助推器点火，无人机的发动机也同时启动，无人机加速从导轨后端滑至前端。离轨后，火箭助推器会继续帮助无人机加速，直到舵面上产生的空气动力能够稳定控制无人机时，火箭助推器任务完成，自动脱离。之后，无人机便依靠自己的发动机维持飞行。

4. 车载起飞

车载起飞是将无人机装在一辆起飞跑车上，然后驱动并操纵车辆在跑道上迅速滑跑，随着速度增大，作用在无人机上的升力也增大，当升力达到足够大时，无人机便可以腾空而起。

无人机可以使用普通汽车作为起飞跑车，也可以使用专门的起飞跑车。有一种起飞跑车，车本身无动力，靠无人机的发动机来推动。还有一种起飞跑车，在车上装有一套自动操纵系统，它载着无人机在跑道上滑跑，并掌握无人机的离地时机。

车载起飞的优点是可以选用现成的机场起飞，不需要复杂笨重的起落架，起飞跑车结构简单，比其他起飞方法更经济。

5. 垂直起飞

无人机还可以利用直升机的原理进行垂直起飞。这种无人机装有旋翼，依靠旋翼支撑其重量并产生升力和推力。它可以在空中飞行、悬停和垂直起降。

（二）副翼、升降舵和方向舵的基本功能

1. 副翼的功能

副翼的作用是让机翼向右或向左倾斜。通过操纵副翼可以完成飞机的转弯，也可以使机翼保持水平状态，从而让飞机保持直线飞行。

2. 升降舵的功能

当机翼处于水平状态时，拉升降舵可以使飞机抬头；当机翼处于倾斜状态时，拉升降舵可以让飞机转弯。

3. 方向舵的功能

在空中飞行时，方向舵主要用于保持机身与飞行方向平行。在地面滑行时，方向舵用于转弯。

（三）滑跑与拉起

滑跑与拉起在整个飞行过程中是非常短暂的，但是非常重要，决定飞行的成败。所以，在飞行操作之前，必须将各个操作步骤程序化，才能在短暂的数秒中完成多个操作动作。

1. 滑跑

①在整个地面滑跑过程中，保持中速油门，拉10°的升降舵。

②缓慢平稳地将油门加到最大，等待达到一定速度。

2. 起飞

①在飞机达到一定速度时，自行离地。

②在离地瞬间，将升降舵平稳回中，让机翼保持水平飞行。

③等待飞机爬升到安全高度。

第五节　飞行基本动作

一、爬升

爬升主要由飞行操作手执行。各高度爬升均保持节风门在适当位置。

爬升时的特点如下。

①根据地面站地平仪位置关系检查与保持俯仰状态。根据当时的飞行高度将俯仰角保持到理论值（如+2°），使用姿态遥控控制。如俯仰角高或低，应柔和地向前顶杆或向后带杆，保持好正常的关系位置。

②大型、小型无人机爬升时，油门较大，螺旋桨扭转气流作用较强，左偏力矩较大，必须适当扭右舵，才能保持好飞行方向。

③爬升中，如速度变小太多应迅速减小俯仰角。

④长时间爬升，发动机温度容易高，要注意检查和调整。

二、定高平飞

平飞主要由飞行操作手执行。各高度平飞均保持节风门在适当位置（如45%）。

平飞时应根据界面上地平仪位置关系，判断无人机的俯仰状态和有无坡度；根据目标点方向，判断飞行方向；不断检查空速、高度和航向指示；同时观察发动机指示，了解发动机工作情况。

平飞时，作用在无人机上的各力和各力矩均应平衡。无人机的平衡经常受各种因素的影响而被破坏，使飞行状态发生变化。飞行中，应及时发现和不断修正偏差，才能保持好平飞。

其主要方法如下。

①根据地平仪位置关系检查与保持俯仰状态。根据当时的飞行高度将俯仰角保持到理论值，使用姿态遥控控制。如俯仰角高或低，应柔和地向前顶杆或向后带杆，保持好正常的关系位置。

②根据无人机标志在地平仪天线上是否有倾斜来判断无人机有无坡度。如有坡度，向影响无人机倾斜的方向适当压杆修正。无人机无坡度时，注意检查航向变化。如变化较大，应向反方向轻轻扭舵杆，不使无人机产生侧滑。

③根据目标点方向与飞行轨迹方向，检查与保持飞行方向。如无人机轨迹方向偏离目标点，应检查无人机有无坡度和侧滑，并随即修正。如果轨迹方向偏离目标5°以内，应柔和地向偏转的反方向适当扭舵杆，当轨迹方向对正目标点时回舵；如偏离目标超过5°，应协调地适当压杆扭舵，使无人机对正目标，然后改平坡度，保持好预定的方向。

④由于侧风影响，无人机会偏离目标。此时，应用改变航向的方法修正。

三、下降

下降主要由飞行操作手执行。各高度下降均保持节风门在适当位置（如15%）。

下降时保持飞行状态的方法与平飞基本相同，其特点如下。

①根据地平仪位置关系检查与保持俯仰状态。根据当时的飞行高度将俯仰角保持到理论值（如−13°），使用姿态遥控控制。如俯仰角高或低，应柔和地向前顶杆或向后带杆，保持好正常的关系位置。

②大型、小型无人机下降时，由于收小油门后，螺旋桨扭转气流减弱，无人机有向右偏趋势，必须抵住左舵，以保持飞行方向。

③下降中，速度过大时，应适当增加带杆量，减小下滑角。

四、平飞、爬升、下降3种飞行状态的变换

（一）爬升转平飞

注视地平仪，柔和地松杆，然后收油门至45%。当地平仪的位置关系接近平飞时，保持，使无人机稳定在平飞状态。

如果要在预定高度上将无人机转为平飞，应在上升至该高度前10~20米，开始改平飞。

（二）平飞转下降

注视地平仪，稍顶杆，同时收油门至15%。当地平仪的位置关系接近下降时，保持，使无人机稳定在下降状态。

（三）下降转平飞

注视地平仪，柔和地加油门至45%，同时拉杆。当地平仪的位置关系接近平飞时，保持，使无人机稳定在平飞状态。

如果要在预定高度上将无人机转为平飞，应在下降至该高度前20~30米，开始改平飞。

（四）平飞转爬升

注视地平仪，柔和地加油门至100%，同时稍拉杆转为爬升。当机头接近预定状态时，保持，使无人机稳定在爬升状态。

平飞、爬升、下降转换时易产生的偏差如下。

①没有及时检查地平仪位置关系，造成带坡度飞行。

②动作粗鲁，操纵量大，造成飞行状态不稳定。

③平飞、爬升、下降3种飞行状态变换时，推杆、拉杆方向不正，干扰其他通道。

五、转弯

转弯时改变飞行方向的基本动作。转弯时，起着支配地位的，主要是无人机的坡度。坡度形成，无人机即进入转弯；改平坡度，转弯即停止。在一定条件下的转弯中，坡度增大，机头会下俯，速度随即增大；坡度减小则相反。因此，转弯的注意力主要应放在保持坡度上，这是做好转弯的关键。

（一）平飞转弯的操作方法

转弯前，观察地图，选好退出转弯的检查方向，根据转弯坡度的大小，加油门5%～10%，保持好平飞状态。

注视地平仪，协调地向转弯方向压杆扭舵，使无人机形成10°（以此为例）的坡度，接近10°时，稳杆，保持好坡度，使无人机均匀稳定地转弯。

转弯中，主要是保持好10°的坡度。如坡度大，应协调地适当回杆回舵；坡度小，则适当增加压杆扭舵量。机头过高时，应向转弯一侧的斜前方适当推杆并稍扭舵；机头低时，则应适当增加向斜后方的拉杆量并稍回舵。当转弯中同时出现两种以上偏差时，应首先修正坡度的偏差，接着修正其他偏差。

转弯后段，注意检查目标方向，判断退出转弯的时机。

当无人机轨迹方向离目标方向10°～15°时，注视地平仪，根据接近目标方向的快慢，逐渐回杆。

（二）爬升转弯和下降转弯的操作方法

爬升转弯和下降转弯的操作方法与平飞转弯基本相同，其不同点如下。

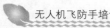

①爬升转弯节风门为 100%。转弯前，应保持好爬升状态；转弯中，注意稳住杆，防止机头上仰，保持好地平仪的位置关系；退出转弯后，保持好爬升状态。

②下滑转弯节风门为 15%。转弯中，应保持好下滑状态。

（三）转弯时易产生的偏差

①进入和退出转弯时，动作不协调，产生侧滑。

②转弯中，未保持好机头与天地线的位置关系，以致速度增大或减小。

③转弯后段，未注意观察退出转弯的检查目标方向，以致退出方向不准确。

第六节　起落航线飞行

起落航线也叫五边航线，是由起飞、建立航线、着陆目测和着陆组成的。任何一次无人机飞行都离不开起飞和着陆，由于无人机的遥控飞行多用于应急情况下，因此着陆目测和着陆是练习的重点。起落航线飞行，时间短、动作多，各动作之间联系紧密，准确性要求高。因此，必须在模拟器上通过实物训练系统严格训练，严格要求，扎扎实实地训练好这一科目，为其他的飞行科目打下良好基础。

一、建立（应急）航线

建立（应急）航线时无人机操作手根据机场或应急着陆场位置，操纵无人机沿（应急）规划的航线飞行，并保持规定的高度、速度，以便准确地进行目测、着陆的飞行过程。

建立（应急）航线内容：检查飞行平台、发动机、机上设备的故障状态、油量、电量；决定着陆场或迫降场；决定控制方式；决定飞行操作手、起降操作手交接时机；决定起落架、襟翼收放时机；如果条件允许，第一时间飞回本场上空。

二、着陆目测

着陆目测时操作手根据当时的飞行高度以及无人机与降落地点的距离，进行目视判断，操纵无人机沿预定方向降落在预定的地点（通常为跑道中心）。准确的目测是使无人机在预定着陆点前后一定范围内接地。没有达到这一范围内就接地的，叫目测低；超过这一范围才接地的，叫目测高。

着陆目测须重点决断着陆方向和三、四转弯位置。水平能见度大于 1 000 米，着陆目测由起降操作手决断，三转弯前无人机交给起降操作手控制；水平能见度小于 1 000 米，着陆目测由飞行操作手决断，四转弯后无人机交给起降操作手控制。

（一）三转弯

第三转弯的时机、角度、高度都会影响目测的准确性，因此，必须认真地做好第三转弯。

①三转弯点安排到跑道外侧（即地面站的另一侧）。

②三转弯点高度控制在 100~150 米。

③转弯前，注意观察第三、第四转弯之间有无高大障碍物遮蔽视线或通信，同时选择好第四转弯点，作为退出第三转弯的检查目标。

④判断进入三转弯时机时，应考虑第四边航线长短，航线和着陆标志线交叉与无人机纵轴和着陆标志线交叉造成的影响，并做必要的修正。

⑤三转弯中，应保持好飞行状态，适时检查空速、高度。转弯坡度为 20°，速度为 110 千米/时。

⑥退出转弯后，保持好平飞。平飞中应检查高度、速度；检

查航迹是否对正预定的第四转弯点，该点距着陆点的距离是否适当；跑道上有无障碍物；观察无人机，判断下滑时机。

⑦当无人机与跑道延长线的夹角为 25°～30°时，收油门至合适位置，推杆下滑，保持 110 千米/时的速度。要特别注意高度，判断目测，控制好进入第四转弯的高度、位置，判断进入第四转弯的时机。

（二）四转弯

①当无人机与跑道延长线夹角为 10°～15°时，进入四转弯。进入时的高度为 80～100 米，速度为 110 千米/时，坡度通常为 20°。确定进入四转弯的时机，应考虑到第四转弯的角度。如转弯角度大于 90°，应适当提前；如小于 70°，应适当延迟。

②转弯中，注意无人机接近跑道延长线的快慢和转弯剩余角（跑道延长线与无人机纵轴的夹角）的减小是否相适应。转弯中应保持好飞行状态，适时地检查速度、高度，发现偏差及时修正。第四转弯进入正常时，当转弯剩余角为 25°～30°时，无人机应正好在跑道外侧边线上。如无人机接近跑道延长线较快，而转弯剩余角减小较慢时，表明进入已晚，应立即协调地增大坡度和转弯角速度；反之，则应适当减小坡度，调整转弯半径，以便退出转弯时能对正跑道。

③起降操作手做四转弯时，四转弯退出点位置为距着陆点 200 米，高度 30 米；飞行操作手做四转弯时，四转弯退出点位置为距着陆点 500 米，高度 60 米（以此为例）。

④退出第四转弯后，这时起降操作手在控制无人机，飞行操作手向起降操作手以 2 秒一次的间隔报空速。起降操作手稍推杆，控制住俯仰对准下滑点（下滑点位于距着陆点 50 米的跑道中线上）。油门收至 15%，速度保持在 120 千米/时。当下滑线正常时，应注意检查速度。如速度大，表明目测高，应适当收小油

门；反之，则应适当加大油门修正。加、减油门时应及时用舵，使无人机不带坡度和侧滑，对正跑道下滑。

⑤下滑至高度 10 米，做好着陆准备：检查下滑速度，是否向预定的下滑点下滑，根据目测判断收怠速油门的时机；检查下滑方向，是否正对跑道；观察跑道上有无障碍物。

三、着陆

无人机从一定高度下滑，并降落于地面直至滑跑停止的运动过程，叫着陆。

（一）无人机的着陆阶段

无人机着陆过程一般可分为 5 个阶段：下滑、拉平、平飘、接地和着陆滑跑段。

1. 下滑

无人机从一定高度作着陆下降时，发动机或电机处于慢速工作状态，即一般采用带小油门下滑的方法下降。保持机头对准跑道，如果因为侧风等因素导致飞机偏离预计的航向时候要及时修正航向。

2. 拉平

拉平是无人机由下滑转入平飘的曲线运动过程，即无人机由下滑状态转入近似平飞状态的过程。为完成这个过程，飞控手应迎角减油、拉杆增加，促进无人机向上做曲线运动，减小下滑角。所以开始拉平时只需松杆，后再逐渐转为拉杆；其中油门及时跟上——或加大或减小以完成降速下滑、平滑又不至于失速为止。飞控手应根据无人机的离地和下降接近地面的情况，掌握好拉杆的分量和快慢及恰当配合油门以完成上述要求，使之符合客观实际，才能做到正确的拉平。同时也要密切注意跑道上风向、风速的变化，做好应对各种侧风、逆风或者顺风的准备。

3. 平飘

无人机转入平飘后，在阻力的作用下，速度逐渐减小，升力不断降低。为了使无人机升力与无人机重力近似相等，让无人机缓慢下降接近地面，飞控手应相应不断地拉杆增大迎角，以提高升力。这时油门要适度：不能大，大了飞行速度将增加，对于降落不利；如果油门小了则造成提前失速摔机。在离地 0.15~0.25 米的高度上将无人机拉成接地迎角姿态，同时速度减至接地速度，使无人机轻轻接地。

总之，在平飘阶段，拉杆的时机、分量、速度及与油门的配合由无人机的速度和下降情况来决定。无人机速度大，下降慢，拉杆的动作应慢些；反之，速度小，下降快拉杆的动作应适当加快，同时油门做配合，但尽量不动油门。

此外，为了使无人机平稳地按预定方向接地，在平飘过程中，还须注意用舵保持好方向。如有倾斜，应立即打舵修正。因此时迎角大速度小，副翼效用差，故应利用方向舵配合副翼，即向倾斜的反方向打舵，帮助副翼修正无人机的倾斜。此时修正动作需要细微修正，不可动作过大。

4. 接地

无人机在接地前，还要继续向后拉杆，稍减油门无人机才能保持好所需的接地姿态。为减小接地速度和增大滑跑中阻力，以缩短着陆滑跑距离，接地时应有较大的迎角，故前三点无人机以两主轮接地，而后三点无人机以通常以三轮同时接地为宜。

5. 着陆滑跑

着陆滑跑的中心问题是如何减速和保持滑跑方向。一般来讲，无人机模型着陆滑跑时即可关闭油门动力且保持滑跑方向直至零速为止。

(二) 无人机着陆的注意事项

下滑至高度 10 米（应凭目力判断，根据无人机翼展估测），保持好下滑角，判断无人机的高度和接近地面的快慢，以便及时开始拉平。

下滑至高度3米，开始拉平，根据无人机离地的高度、下沉的速度和无人机状态，相应地柔和拉杆（姿态遥控为回杆再拉杆），使无人机随着高度的降低逐渐减小俯角，减小下降率，在0.5米高度上转入平飘。

无人机转入平飘（不下沉也不飘起），应稳住杆，判明离地高度。根据无人机下沉快慢、俯仰角的大小和当时的高度相应地继续柔和拉杆。平飘前段，速度较大，下沉较慢，拉杆量应小一些。平飘后段，速度较小，下沉较快，拉杆量应适当增大，随着无人机下沉相应地增大仰角，在0.2米高度上，拉成正常两点姿势。平飘过程中，仍应根据无人机与地面的相对运动，检查与保持好飞行方向，并使无人机不带坡度和产生侧滑。

无人机在0.2米的高度上呈两点接地姿势后，应随着无人机的下沉，继续柔和地拉杆，保持住两点姿势，使主轮轻轻地接地（主轮接地时无人机速度控制在80~90千米/时，从拉平到主轮接地是一个空速逐渐从110千米/时减到80千米/时的过程）。接地瞬间，由于地面对主轮的反作用力和摩擦力对无人机重心形成下俯力矩，因此，必须稳住杆，才能保持接地时两点姿势不变。

无人机确实两点滑跑后，应稳住杆保持两点姿势，控制方向舵保持滑跑方向。起降操作手报接地信息。随着速度的减小，机头自然下俯，待前轮接地后，将升降舵推过中立位置。

着陆滑跑后段，稳住方向舵并做微量修正，保证无人机沿中线滑行，在速度小于40千米/时后刹车。

第五章　植保无人机飞防作业技术

第一节　植保无人机作业前准备

一、熟悉植保无人机不同的作业模式

以大疆农业植保机 MG-1S 为例，它包括手动作业模式、AB 点模式和航线规划模式。

（一）手动作业模式

手动作业模式是早期最为常见的方式，所有的操作都由植保飞防手来完成，智能化程度较低。随着植保机智能化程度提高，使用手动作业的频率会逐步降低，植保飞防手的工作舒适度也会相应提升。但是，在广阔的丘陵地区以及小块耕地范围内，手动作业模式依然会发挥它独特的作用。典型应用包括湖南以及江西的水稻田、浙江的茶树、广西的甘蔗等。

1. 手动作业模式的优点

①迅速作业：在作业之前无需其他额外操作，准备时间短。

②地形适应能力强：在植保飞防手拥有良好操作技能前提下，能够应对各种复杂地形。

2. 手动作业模式存在的问题

①飞防手作业强度高：一天飞行 6 小时以上，植保飞防手将筋疲力尽。

②难以避免产生重喷漏喷：对于药物较为敏感的作业，重喷有可能会产生药害。

3. 手动作业模式的注意事项

①不适合对重喷比较敏感的除草剂作业。

②对讲机必须时刻保持电量充足以及通话质量良好。

③不适合100米以上的长航线作业，难以保障作业精度。

（二）AB 点模式

AB 点模式简单方便，以两点形成直线的方式快速生成作业航线，具有飞防手工作强度低、喷洒较为均匀的特点。这种作业模式的产生，解决了植保飞防手劳动强度特别高的难题。

但是，由于其航线生成原理的限制，其航线只能是长方形或正方形，无法根据耕地实际情况做调整，所以只能在规整田块进行作业。而一些不规则地块如果使用 AB 点模式作业则需要进行相应的地形切割，使用 AB 点模式完成大部分区域，剩下则使用手动作业进行完成。

典型应用包括新疆的棉花及玉米作业、黑龙江的水稻作业等。

AB 点模式的注意事项如下。

①如果田块地形是标准长方形，那 AB 点形成的航线必须与田埂平行。

②飞防手需注意每次航线到达边界时，航点位置是否有变化。

③B 点与对面的防风林须留有安全间隙。

（三）航线规划模式

航线规划模式能够适应绝大多数地形，并且全程自主作业，进一步降低了植保飞防手工作强度，实现了全自主作业。植保飞防手需要更多地掌握 App 使用技巧以及航线，而不像以往需要植保飞防手拥有良好的飞行操作能力。

航线规划的优势在于飞防手工作强度低、地形适应能力强、喷洒均匀、工作人员数量需求降低。但是，其在作业前需要对地形进行完整的测量并规划才能够进行作业，所以相对于其他作业模式需要准备的时间更多。

航线规划模式的注意事项如下。

①提前观察障碍物并进行规划，避免撞上障碍物。

②作业前需明确标定点，须从标定点起飞并执行纠正偏移操作。

二、精确划定作业地块

（一）根据地块复杂程度划分

整齐划一地块可采取 AB 点模式，复杂地块利用手持 RTK 精确划定，更高效的可使用航拍机测绘。

1. AB 点模式

此方法适用于地块整齐、形状规则的场景。首先，选择地块的两个端点（A 点和 B 点）进行测量和定位，然后无人机按照预设的航线，在这两点之间进行施药作业。这种方法的优点是简单易行，但前提是地块必须足够规则。

2. 手持 RTK 精确划定

RTK（实时动态）定位技术是一种高精度的定位技术，通过它，测量人员可以精确地获取施药区域的边界坐标。使用手持 RTK 设备，工作人员可以轻松地在地面上行走并确定施药的边界，然后将这些坐标输入无人机，以指导其作业。这种方法的优点是灵活性高，无论地块形状如何复杂，都可以进行精确的测量。

3. 航拍机测绘

对于特别大或特别复杂的地块，使用专业的航拍机进行测绘是一个高效的选择。航拍机可以在高空获取地块的详细图像，并使用图像处理技术自动识别地块的边界。这种方法的优点是速度快、覆盖范围广，但需要专业的航拍设备和图像处理技术。

（二）标明地块中的障碍物

划定地块时，要观察地块边界和内部的电线、树木等障碍物所在位置、大小、类型，以确认是否要标记为障碍物或规划到地块外。

1. 电线障碍物

类型一：地块边上的电线杆和高压线是影响飞行安全常见障碍物之一，遇到这类高压线，应当在测绘时把地块的边界向地块内部转移。

类型二：地块内部电线几乎与作业航线在同一高度，无人机不可以飞行。

2. 树木障碍物

类型一：在记录边界点时，确认形成的地块边界距离树冠2~3米（图5-1）。

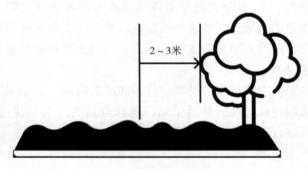

图5-1　地块边界与树冠的距离

类型二：如果地块边界有连续成排的高大树木，测绘时应留出安全距离。

（三）了解掌握作物生长情况

划定地块时，还应了解掌握作物长势和生育期、种植密度、土壤条件和地形地貌、病虫害情况、气象条件等。

1. 作物长势和生育期

作物的生长阶段和生育期决定了它们对植保的需求和耐受性。了解作物的长势和生育期可以帮助无人机植保团队选择合适的植保方法和药剂，确保防治效果且避免对作物造成伤害。例如，对于处于敏感生育期的作物，应选择低毒、低残留的植保产品，以减少对作物和环境的负面影响。

2. 种植密度

种植密度对植保效果和农作物的生长有直接影响。了解作物的种植密度可以帮助无人机植保团队确定最佳的飞行高度和喷雾覆盖范围，确保药剂能够均匀地覆盖每一株作物，提高防治效果。

3. 土壤条件和地形地貌

土壤的 pH、养分含量等条件以及地形的起伏变化都可能影响植保作业的效果。了解这些信息可以帮助无人机植保团队选择合适的飞行路线和喷雾参数，以适应不同的土壤和地形条件。

4. 病虫害情况

了解地块中病虫害的类型、分布和严重程度，有助于无人机植保团队制定针对性的防治策略，选择合适的药剂和使用剂量。同时，可以合理安排飞行路线，提高防治效率。

5. 气象条件

气象因素如风速、风向、温度、湿度等都会影响无人机的飞行稳定性和喷雾效果。了解气象条件可以帮助无人机植保团队选择适宜的作业时间，确保飞行安全和植保效果。

三、起飞前的注意事项

（一）人身安全

无人机起飞点 10 米范围禁止有人活动，无论是手动解锁起飞还是自主飞行，桨叶转动前一定要确认飞机周围无人员活动，再解锁起飞。

（二）设备安全

①起飞点上方不能有电线、树冠等。

②折叠锁扣。起飞前确认折叠锁扣是否锁紧，锁扣应紧紧贴在机臂碳管上。

③飞行参数。确认作业参数和航线是否设置正确。

四、预飞行

轻微推动油门，观察各个旋翼工作是否正常，举起施药机轻微晃动看施药机是否能够自稳。

进行前后左右飞行、自旋，观察施药机飞行是否正常，检查遥控器舵量是否正确，各工作模式是否正确，泵和喷头是否正常的工作。

进行一个四边航线飞行。进行几个大动作飞行，观察施药机工作是否正常。

施药机降落后检查各电子设备有无不正常发热现象，电池压降是否在允许范围内。

第二节 植保无人机施药作业

一、合理制定用药方案

（一）根据防治对象合理选择药剂

优先选择混配性好的药剂，如纳米农药、水剂等，实现一喷多防。

（二）选择适宜剂型的农药

适用于植保无人机航喷作业的农药剂型：油剂、水剂、纳米农药、悬浮剂、干悬剂、水乳剂、微乳剂、水分散粒剂、乳油等；粉剂和可湿性粉剂则不适用。

（三）使用航化专用助剂

植保无人机航化作业，均需按药液量的 0.3%~0.5% 的比例添加航化专用助剂，以减少飘移和蒸发，促进展着和吸收，有效提高防治效果。

二、合理制定作业计划

（一）合理搭配无人机

根据作业量和时间要求，合理搭配大、小型无人机。

1. 作业量

大型无人机具有更大的载荷和更长的续航时间，适合大面积的植保作业。而小型无人机则更适合小面积或精细作业，例如针对某些特定植物或树木的施药。

2. 时间要求

如果时间紧迫，可能需要更多的无人机同时作业。大型无人机虽然效率高，但数量相对较少；小型无人机虽然效率较低，但可以一次性部署大量无人机，从而在短时间内完成大量作业。

（二）安排作业时间

根据气象预报安排作业时间，必要时采取夜航。

1. 光照

强光照会加剧作物蒸腾及雾滴的蒸发，加大飘移并减少着液量，一般 10：00—15：00 最好不要施药。

2. 风力和风向

应采取侧向风施药或迎风施药，不可采取顺风施药，风速>3 米/秒应停止化学除草作业，风速>4 米/秒应停止病虫害防治作业。一般 7：00 前、17：00 后风力较小，适宜植保无人机作业。

3. 湿度和降雨

适宜的降水、湿度有利于药效发挥，空气相对湿度低于 60%（易蒸发）时应停止施药。

4. 温度

温度低于 16℃或超过 27℃时不宜作业。

（三）根据作物生育期合理安排

根据作物生育期合理安排，要避开花期施药。能与追肥作业结合的，可采取将农药与颗粒肥均匀混拌后，换用撒播器进行一次性施用。

三、合理确定作业参数

（一）施药液量

根据作物生育时期、防治对象合理确定。每亩喷液量最少应在 1 升，土壤封闭除草应在 1.5 升以上，玉米中后期病虫害防治应在 2 升以上。

（二）飞行速度

飞行过快增加飘移，飞行过慢影响作业效率。飞行速度一般

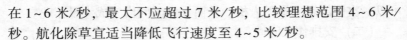

在 1~6 米/秒，最大不应超过 7 米/秒，比较理想范围 4~6 米/秒。航化除草宜适当降低飞行速度至 4~5 米/秒。

（三）飞行高度

作物冠层上方 1~3 米，应根据机型确定适宜的飞行高度。一般 10 升容量的电动多旋翼植保无人机可定在 1~1.5 米，20 升及以上容量的可定在 1.5~3 米，油动无人机一般要定在 3 米左右。

（四）有效喷幅

有效喷幅要以国家级检测中心所出具的检测报告标明的为准。实际作业中，应根据机型、飞行高度及靶标生物确定合理的喷幅。一般情况下，10 升载液量的电动多旋翼植保无人机在 1.5 米的飞行高度下，其合理喷幅为 3~4 米；20 升及以上载液量的植保无人机，在 2~3 米的飞行高度下，其合理喷幅可以达到 6~9 米。

（五）喷头的选择

应根据防治对象及作业要求选择适宜的喷头。通常对于雾滴分布均匀性要求较高的作业，应优先选择离心式喷头；对穿透性要求较高的作业，应优先选择压力式喷头。旱田苗后茎叶除草考虑使用低飘喷嘴，不但施药均匀，且可较大幅度减少飘移。水田封闭除草考虑使用喷射型喷嘴。

（六）喷幅偏移调整

植保无人机作业受风力及风向影响较大。一般情况下，当风速 1.5~2 米/秒条件下，植保无人机作业喷幅至少偏移 0.5~1 个喷幅（3~6 米）。作业时要根据风向进行调整，以免漏喷或重喷。

四、施药作业基本要求

①应提前在配药箱内配制母液，然后加入药箱并混匀。

②作业前应选好起降地点，起降地面要平、实。

③作业时应提前确定飞行作业距离，一次飞行起落宜为一个往返航程。

④作业时应保持直线飞行，飞行高度应保持一致，航线偏离最宽距离不应超过 10 厘米。

⑤作业前应在飞行区域四周设立安全警示标记，并通知施药区域邻近地块户主和居住在附近的居民。应采取相应措施避免造成邻近敏感作物的药害、家畜中毒及对其他有益生物的伤害。作业人员使用遥控器或地面站系统操控无人机作业，并记录作业情况，完成作业后，应将作业记录汇总归档保存。

五、飞防作业后的清理

（一）喷洒系统清理

1. 药箱、水泵、管路清洗

①内部清洗。在药箱中加入清水，开启喷洒，多次清洗喷洒系统内部。

②外部清洗。使用湿布擦拭药箱、水泵、喷杆等喷洒系统部件，然后用干布擦干水渍。

2. 喷嘴、滤网清洗

喷嘴、滤网可用细毛牙刷清洗，清洗完毕后应将喷嘴、滤网放入清水浸泡 12 小时。

（二）动力系统清理

1. 桨叶、桨夹、电机

用湿布认真清理桨叶、桨夹、电机表面农药残留，并用干布抹干水渍。桨叶需检查有无裂纹，及时更换桨叶，注意桨叶需成对更换。

2. 电池、充电器清理

用湿布拧干清理电池、充电器外观，再用干布擦干水渍，电池需定期用棉签蘸酒精清理金属簧片，四通道充电器需定期清理散热口灰尘。

（三）遥控器清理

作业完后将遥控器天线折叠，使用干净的湿布（拧干水分）擦拭遥控器表面及显示屏。

（四）机身清理

湿布拧干后，擦拭植保无人机表面，除去机身包括机臂上面的药渍与脚架的泥土。切勿使用水压超过 0.7 兆帕的高压水枪冲洗机身。

第三节　植保作业人员安全防护

一、植保无人机安全操作规范

（一）保障操作人员自身安全

1. 操作资质

必须完成相应的操作培训获得操作资质。

2. 自身防护

穿戴防护服、遮阳帽、口罩、防护眼镜、橡皮手套、长筒靴等，以保护自身安全。

3. 农药使用安全

了解农药的毒性知识、掌握农药对人和环境的潜在风险。

4. 与无人机保持安全距离

时刻与农业无人机保持安全距离，不接近旋转中的螺旋桨，不用手接农业无人机。

（二）保障他人人身安全

1. 与他人保持安全距离

飞行当中的农业无人机必须与他人时刻保持安全距离，禁止飞行到其他人上方，禁止在马路上起降。

2. 作业区域人员清空

作业区域必须保证没有闲杂人员，否则有可能导致事故。

3. 演示作业切勿冒险

展会或地头演示时围观人员众多，不做冒险动作、不炫技、时刻保持安全距离。

（三）植保测绘安全注意事项

在打点时建议至少打 4 个点，必须要把障碍物包裹住；规划障碍物时，必须预留 1 米以上的安全距离；如果有树，则与树冠垂直投影点要预留 1 米以上安全距离；若有拐角必须记录，避免导致误喷或撞机等意外；地块打点时，尽量把高精地图放到最大最清晰的状态，尤其是在标注障碍物时。

二、作业后安全处理规范

（一）螺旋桨处理规范

完成作业后，所有人员必须在螺旋桨完全停止转动后再靠近设备，避免出现误伤。

（二）设备清洗要求

请用清水及时清理作业设备，防止农药、肥料腐蚀设备，并妥善处理肥料袋、药罐、残留的农药，避免对环境造成污染。

（三）转场运输规范

将桨叶折叠，并用桨夹固定；使用安全带将无人机固定在车上，防止运输过程碰损设备。

禁止将电池插在无人机上运输，防止尾插及电池出现损坏。

拧紧油箱盖并关闭汽油阀，使燃油超充站处于关机状态并用绳索固定。

三、飞防作业意外事故的防范

意外损失是指因为作业不当而造成药害、毒害、伤人、摔机等各种事故，意外事故的发生不仅有可能导致经济损失，严重时甚至会造成人员受伤。因此，在飞防作业中要注意防范。

（一）对作物或周边作物造成药害

1. 对作物直接造成的药害

因为各种因素，对当前作业区域作物造成的各种药害。

（1）重喷或药剂过量药害

因为药剂特性的原因，对于药剂剂量最为敏感的是除草剂，其次是杀菌剂（尤其是三唑类杀菌剂），杀虫剂对于剂量则相对不敏感。如果不熟悉植保无人机的作业参数，行距设置过小造成重喷，亦会造成药害，所以必须熟悉所使用植保无人机的性能。

另外，作业过程中还应注意：手动作业时，禁止原地悬停喷药；选择性除草剂、三唑类杀菌剂应谨慎作业，避免产生重喷。

（2）温度原因造成的药害

在35℃以上高温状态下作业时，由于作物生理活动活跃、药剂活性较高等几个因素叠加，也可能造成药害。

另外，高温状态下作业，作业效果降低且容易产生农药中毒，所以应极力避免。

（3）飞防特性造成的药害

因为飞防用水量少、药剂浓度高的原因，一些在自走式植保机械能够安全使用的药剂在飞防上并不一定安全。例如，小麦除草剂甲基二磺隆，能够防治部分禾本科、阔叶杂草，但是其使用要求较高，使用不当则易产生药害。因为飞防药剂浓度高的原因，其在飞防上产生药害的可能性大大增加，无法在飞防上安全应用。

水稻稻瘟病常见药剂三环唑，属于三唑类杀菌剂，其在人工作业的前提下使用较为安全。三环唑运用在飞防上，其对温度、剂量的敏感性迅速提升，一旦温度较高、剂量超标，其产生药害的可能性大为提升。

2. 对周边作物造成的飘移药害

植保无人机作业离地高度较高（1.5～2.5米）、雾滴较细（100～250微米），这些特性决定了其飘移特性较为突出，在作业时须严防飘移药害的产生。

（1）灭生性除草剂药害

草甘膦、草铵膦、敌草快等灭生性除草剂作业时，药剂一旦飘移到其他作物上势必会造成药害，所以应非常谨慎地对待灭生性除草剂飞防作业，尽量避免。

（2）选择性除草剂药害

选择性除草剂对于目标作物相对安全，但是如果其飘移到其他作物上，而该作物恰恰在该除草剂的杀伤范围内，则会发生飘移药害。例如，冬小麦除草作业，如果主要防治对象为阔叶类杂草，而作业区域下风向存在油菜等阔叶类作物，将造成药害。在遇到类似情况时应停止作业，待风力减小、风向改变时再进行作业，并添加一定距离安全隔离带。

（3）药剂与作物特性造成的药害

部分药剂安全性不高，对部分作物安全，而对另外一部分作物则易产生药害。如三唑类杀菌剂相对来说安全性较低，对于剂量需严格把握，并明确其敏感作物。如丙环唑在小麦、水稻上广泛应用，但是其对西瓜、葡萄、草莓安全性较低，不可在这些作物上使用飞防播撒该药剂。

（二）对养殖业造成毒害

植保作业从来不是孤立的存在，其对环境的影响必须经过全面的考量，作业时必须观察作业区域周边，综合考虑药剂类型、毒性、风向、周边养殖物、作业区域养殖物等各种情况，避免对周边养殖业产生毒害。

1. 药剂飘移产生的近距离毒害

药剂飘移是飞防一定会产生的问题，要通过各种因素的考量极力避免毒害或药害事件的发生。

①风向：现在是什么风向。

②作物或养殖物：下风向都有哪些作物或养殖物。

③药剂：这次所播撒的药剂毒性如何，会对哪些作物或养殖物造成伤害。

④风险评估：是否可以达到安全作业的条件。

不综合考量各种因素而盲目作业，风险无法预估，极端情况下甚至会造成巨额损失。

2. 对蜜蜂等授粉昆虫造成的毒害

蜜蜂等授粉昆虫对于农业增产增收具有重要作用，同时，人工养殖蜜蜂也是蜂农的主要经济来源，所以在作业过程中应避免植保作业对蜜蜂造成毒害。如发现作业区域存在大量蜜蜂，应暂停作业并观察、询问附近有无蜂农，等待合适时机再进行作业。同时，对于油菜、向日葵等吸引蜜蜂的作物，应避免使用菊酯类、新烟碱类杀虫剂，以避免对蜜蜂造成伤害。

3. 对作业区域养殖物造成的毒害

目前我国部分区域已经广泛开展了稻田养殖鱼、虾、蟹等提高经济收益的混合种植、养殖模式，提高了农户的收入。例如，湖北潜江、江西鄱阳湖周边的稻田养虾、江苏部分地区的稻田养蟹，植保队在这些区域作业需采取多项措施保障用药安全，避免

养殖物中毒。常规措施包括以下两种。

①使用毒性低、安全性好的药剂，例如氯虫苯甲酰胺、吡蚜酮，禁止使用阿维菌素、甲维盐等药剂。

②使用专用药箱，或者彻底清洗药箱，如果存在药剂残留并且未清洗，易造成养殖物中毒。

(三) 自身中毒受伤以及伤人事故

植保无人机作业效率高、安全性好，但是部分从业人员没有接受过系统培训，往往存在防护意识薄弱、安全意识差的问题。另外，近几年植保无人机飞防作业面积迅速增加、从业人员来源多种多样，造成了中毒事件、伤人事件频发的现状。

1. 作业人员农药中毒

作业人员只要遵守农药使用相关防护、毒性要求，一般不会产生农药中毒，如果作业人员缺乏农药安全使用知识，那就有可能导致毒害事件的发生。

（1） 农药选用环节

部分未经培训的植保无人机操作手对于农药没有系统认识，不能做到主动拒绝使用高毒、剧毒农药，这样在使用过程中就可能导致农药中毒事件的发生。一旦使用高毒、剧毒农药，最容易产生中毒的环节就是运输阶段，这往往是几个因素共同导致的，如：使用了高毒农药；装车运输之前未彻底清洗药箱；选择了人机不分离的车型，且关闭了车窗。

（2） 配药过程

配药过程应做到以下几点。

①穿戴合适的防护用品，包括口罩、眼镜、丁腈手套。

②处于药桶上风向。

③药剂缓慢倒入，避免飞溅。

④配药后，必须把手彻底清洗干净再接触身体其他部位。部

分农户完全没有防护意识、安全用药意识，甚至用手直接搅拌农药，极易产生农药中毒。

（3）作业过程

作业过程中依然要注意自身防护，处于上风向作业，并与植保无人机保持安全距离，避免受到农药飘溅。另外，对于玉米、高粱等高秆作物，应禁止在作业完毕后进入作业区域，避免吸入性中毒。

（4）运输过程

植保作业应首先选择独立车厢的车辆，可以有效避免运输环节吸入性中毒事件的发生。对于非独立式车厢的车辆，要做到运输安全应注意以下几点。

①禁止使用高毒农药。

②植保无人机装车之前先用清水彻底清洗药箱。

③运输过程中开启车窗，保持空气流通。

（5）存储过程

存储过程需要做到以下几点可避免中毒事件的发生。

①存储之前应清洗药箱，降低农药残留。

②通风，避免农药气味集聚。

③单独存放，禁止存储在卧室，避免人机共处一室。

2. 自身受伤

植保无人机其本质属性是农机，但其仍然是无人机的一种，飞行过程中螺旋桨高速旋转并且具有一定的速度，所以应时刻注意飞行安全。

（1）植保无人机接触伤

为避免自身受到植保无人机的伤害，应注意以下几点。

①时刻与植保无人机保持安全距离。

②在出现意外情况时，绝对禁止抓握植保无人机任何部位，

避免被打伤。

③禁止对头起飞。

（2）交通事故

现在的植保队大多是植保无人机操作手并兼职司机，其一天工作量几乎是满负荷运转，容易产生疲劳驾驶。为做到行驶安全，提供下列建议。

①中午务必休息，保持良好精神状态。

②避免超长时间飞防作业后，人在处于极度疲乏的状态下上路行驶。

3. 伤人事故

伤人事故是指植保无人机对飞防手以外的人员造成人身伤害，就目前的实际情况来看，植保无人机造成他人受伤远比飞防手自身受伤比例要高，应更加注意。

（1）作业区域周边的伤人事故

作业区域周边的伤人事故主要包括几个类似情况。

①在人流较多的道路上起降，与行人、车辆产生撞击。

②与围观的观众产生的撞击。

③植保无人机失控。

④作业人员操作错误，植保无人机飞向错误方向。

⑤操作手与地勤配合不默契，造成的撞击。

（2）作业区域内的伤人事故

作业区域内的伤人事故其主要受害对象往往是在田间进行劳作的农户，植保无人机作业高度一般在 1.5~2 米，而其脚架高度则更低，在运行过程中如田间存在人员，势必产生碰撞事故。为避免此类事故的发生，应严格遵守以下事项。

①提前清空作业区域内无关人员。

②如发现作业区域内存在人员应立刻停止作业。

③如发现即将撞击，可通过升高高度、打横滚及俯仰杆的方式避免撞击。

④如确实已经撞击，可操作摇杆进行内外八字操作迅速锁死油门，降低撞击伤害。

（四）各种原因造成的设备损失

1. 操作错误造成的设备损伤

常见的操作错误包括以下几种。

①对标定点与纠正偏移相关概念理解不透，造成航线偏移。

②AB 点前后顺序错误或方向理解错误，造成植保无人机横移撞击障碍物。

③一键返航功能不熟悉而盲目使用。

2. 维护不当造成的设备损失

常见的维护不当或错误导致的问题包括以下几种。

①连接插头没有维护或更换，插头发热或融头。

②充电总是在高温状态下进行，包括太阳暴晒或电池使用完毕未冷却而直接使用，这都会导致电池或者充电器寿命降低。

③在北方低温地区，直接将电池长期存储在低温区域，造成电池性能迅速下降；

④在长期存储前，未能对喷洒系统做多次的清洗，造成管路、水泵长时间受农药残留腐蚀。

3. 使用伪劣配件造成的设备损失

部分植保队为贪图便宜而选择非原厂的配件，往往导致存在严重隐患。

第四节 主要农作物飞防作业

一、小麦飞防作业

(一) 作业前的准备工作

1. 明确作业任务

在开展飞防作业之前,首先应该勘查药物喷洒和无人机操作技术条件,并对作业面积进行进一步的测量,确定农田当中不适宜作业的区域,与农户进行有效的沟通,掌握多种病虫害的发生流行现状。出动 1 台多旋翼植保无人机,配置 1 名无人机操作人员、1 名观察人员和 1 名农业专业技术人员。考虑到病虫害的防治时效性,以及无人机在恶劣环境下可能会遇到的突发问题。在飞防作业过程中,一般采取"两飞一备"的原则,这样能够保证机械设备的正常应用。飞防作业之前还需要准备好充足的电池,一般准备 5~10 组,并保证充电器能够正常运行,以便作业时能够随时充电。

2. 作业流程

飞防作业团队应该提前到达小麦作业地块,熟悉作业地形,检查飞行路线,检查飞行过程中是否存在障碍物,确定无人机的起降点以及作业航道,并提前进行规划。然后按照田间小麦病虫害的种类进行农药配制。在正式开展飞防作业之前,对无人机进行进一步的检查处理,保障对讲机正常运转,喷洒流量达标,无人机操作人员保证无人机能够正常喷洒作业。作业过程中要确保周边不存在人员、助手和相关人员,应该及时疏散作业区域当中的人员,确保飞防作业的安全。当天作业没有完毕的小麦田应该记录好起始点,以便第二天继续在终点进行喷洒作业。

（二）农机农艺要求

1. 飞防药剂的选择和使用

无人机飞防作业一般选择使用低容量高浓度的喷药方式，药液雾滴小、用药少。利用无人机开展飞防作业，一般不推荐选择使用粉剂型的药物，应该选择使用水乳剂、乳剂、乳油或者悬浮剂。由于飞防药剂稀释比例相对较低，所以不能使用高毒高残留农药，例如在小麦病虫害防治过程中禁止使用甲拌磷、甲胺磷、灭多威等高毒高残留农药。无人机飞防作业速度相对较快、用药量较少，用药较为精确，小麦植株上的每个部位都能够附着药物，所以推荐选择使用内吸性相对较强的药物，这样能够被植物所吸收传导到其他组织，害虫接触之后就会中毒死亡。

2. 作业要求

植保无人机在飞防作业过程中，雾滴直径相对较小，如果遇到大风天气很容易出现药液飘移和蒸发的现象，所以一定要在飞防作业之前掌握好气象条件，应该保证外界环境不存在大风天气，3级以上的风力会造成雾滴沉积量减少，药液飘移。所以在开展小麦病虫害防控过程中，一般选择在3级以内的风速下进行植保无人机作业，避免产生药液飘移，尤其是在除草剂应用过程中，为了避免产生药物飘移危害，应该尽量在2级以内的风速下进行作业。

3. 作业参数

为了保证植保无人机的飞防作业效果，应该确保无人机行进速度一致，作业高度适宜，药液喷洒和分布较为均匀，能够更好地沉积到小麦植株表面。在利用植保无人机开展小麦病虫害防治期间，无人机的飞行高度一般控制在1.8～2.0米，过高会造成药液飘移，蒸发量显著增多，过低会造成漏喷。另外，无人机的飞行速度会进一步影响到雾滴的穿透性、飘洒性，药液的穿透性会呈现下降的态势，雾滴在作物的中下部，沉积面积减少，而雾滴的飘移将会显著增加，所以在小麦病虫害飞防作业过程中，应该结合病虫害的种类不同，作业速度控制在 4.0~6.0 米/秒。无人机喷药的幅度应该与小麦行相同，这样才能够不出现漏喷或者重复喷药的现象。如果喷洒的幅度大于行距，则会出现漏喷，反之就会造成行距之间互叠出现重复用药的现象。作业幅度的设置应该根据作业的高度分析速度进行实际调整。要确保两侧喷嘴的喷场能够进行有效的重启。初期小麦病虫害飞防作业时飞行高度一般控制在 1.8~2.0 米，飞行速度控制在 5 米/秒，喷药宽幅设计在 4.5~5.0 米。小麦中后期飞防作业飞行高度一般控制在 1.8 米以内，飞行速度控制在 4.0~4.5 米/秒，喷药的宽幅一般控制在 4.2~4.5 米。此外小麦无人机飞防作业期间，用药量与喷嘴的全部开启与否密切相关，在喷嘴全部开启以及喷幅在 4.0~5.0 米的作业条件下，小麦杀虫杀菌协同作业时预防性作业，每亩地用药量控制在 0.8 升，正常病虫害防治每亩用药量控制在 1.0 升，病虫害较为严重时每亩地用药量可以增加到 1.2 升。

（三）植保无人机的飞行作业事项

利用植保无人机开展小麦病虫害飞防作业之前，一定要对无人机进行全面的检查，尤其是应该检查无人机的电池、遥控器电池是否电量充足，是否能够正常运转，保证电池电量充足，每次飞行作业之前都应该测试对讲机，测试信号的强弱和语音的清晰度。另外，在飞行作业过程中也需要明确飞行环境安全，禁止在下雨天或者大风天气进行飞防作业。因为在雨天水汽会从天线摇杆缝隙进入发射器，可能会造成线路短路，导致信号发送失败。严禁在有闪电的天气下进行飞行作业。操作人员在操作无人机之前不能喝酒，一定要保持无人机在视线范围进行操作，飞行要远离高压线路，避免发射天线指向模型，要使用发射天线指向被控的模型，并避免遥控器和接收器靠近金属物体。飞行作业过程中，如果需要把遥控器放在地面，应该注意将遥控器平放，并且要保证地面平整，不要竖放。飞行时要远离人群，不允许作业范围当中有人。飞防作业期间，应该时刻观察喷头的喷雾情况，如果发现喷头存在喷洒不均匀或者断续喷洒的现象，要及时停止作业，将无人机操控飞回到起降点之后，对堵塞情况及时进行排除或者更换喷头。

二、玉米飞防作业

（一）明确操作人员的工作要求

操作植保无人机的操作人员必须获得相关机构的培训认证，没有获得资格认证或者生病、酒后、对农药过敏的人员不能够操作植保无人机，未满 18 周岁的人员也不允许操作植保无人机，在机械设备操作过程中要求工作人员关闭手机和其他具有电子干扰的设备，并全程佩戴口罩、鞋套、安全帽、防眩晕眼镜，穿戴反光工作服。在操作过程中不能够穿戴容易裸露皮肤的半袖或者宽松的衣服，要与植保无人机保持安全距离，背对阳光在上风向进行机械操作。

（二）做好机械设备检查

在无人机飞行之前，要做好检查工作。启动植保无人机之前，应该按照从上到下、从内到外的顺序进行详细的检查，确保机械设备处于正常状态。在检查过程中，一方面应该对燃油的配置情况进行全面的检测，要确保燃油配置充足，燃油一般按照汽油和汽油 50：1 的比例混合之后添加到储存器当中，现用现配。另一方面还应该对电动旋翼进行全面的检查，保证电池充足，及时更换没电的电池。操作人员还应该与辅助人员进行全面沟通，检查整个作业区域的通信是否正常，并确保对讲机的信号较强、语音清晰流畅。在正式开展玉米病虫草害防治过程中，应该提前进行试飞作业，降低飞行失误造成的经济损失，等到熟悉工作环境之后，再进行正式喷药。

（三）作业场地选择

无人机防治玉米病虫草害时，明确作业场地十分必要。由于无人机属于人工遥控飞行器，在飞行时具有一定的速度和危险性，所以应该对作业场地的各种障碍进行全面的清理，要确保作业场地周边不存在无关人员，保证操作安全，避免作业现场有影响飞行安全的建筑物、树木、高压电等障碍。应该在空闲的平地起落，要确保着地平整。当植保无人机遇到故障之后，应该紧急寻找迫降点做好突发情况的应急处理。另外玉米病虫草害防控过程中，植保无人机大多处于高温高湿环境，为了保证机械操作安全，在作业之前应该对所在地区的温度、风力、湿度、风向等有全面的掌握和了解。温度超过30℃、风力大于4级、雨天、有闪电天气禁止飞行作业。

（四）植保无人机飞行作业

无人机在飞行过程中，操作人员应该确保机械设备在自己的视线范围当中。起降时一定要做到减速飞行，平行飞行要远离障碍物5米以上，垂直飞行要远离障碍物10米以上。严格控制飞行器的飞行速度，要保证飞行速度不能过快，也不能过慢，一般按照4~6米/秒进行操控。在防治玉米病虫草害喷洒过程中，要求飞行的水平精度在分米级，成直线飞行，距离农作物叶片1米左右，保证喷药均匀，不重复喷药，结合田间地块大小，提前规划好作业的起始点，及时更换电池。操作结束之后解除动力电池连接，关闭遥控器电源。日常要做好无人机的维护保养工作，每次使用完毕之后都应该对机身进行全面检查，保障各个部件连接紧固，及时检查电池的完好情况，并做好机械设备外壳和内壳的

彻底清洗，然后将其放置在不容易碰坏的地方，科学保管。

三、水稻飞防作业

（一）明确植保无人机的操控要求

在利用农用植保无人机开展水稻病虫害防治过程中，一定要掌握植保无人机安全适用农药、作业技术规范、用药安全、作业条件、植保无人机服务提供商、作业人员、农药安全使用要求和环境保护要求。在作业过程中应该配置操控人员、作业人员、安全负责人员，无人机操控人员和安全负责人员应经过专业培训，掌握水稻病虫害的发生流行规律和安全用药技能，必须获得无人机相关机构的培训。

（二）气象条件

在正式飞防作业之前，应该查询作业地区的气象信息，包括当前的温度、湿度、风向、风速等多种气象条件，禁止在大风天气和雷雨天气作业。风力因素会对植保无人机的药物喷洒产生最直接的影响，风力大于 3 级或者室外温度超过 35℃，禁止进行飞防作业。植保无人机驾驶人员应该处于无人机的下风向处，避免和农药频繁接触造成人员中毒。

（三）农药选择

植保无人机在飞防作业过程中所选择的农药与常规农药相比，有着更为严格的要求。所以在开展飞防作业之前，一定要科学选择化学药物，避免堵塞喷头，导致飞防作业失败。一般情况下利用农用植保无人机开展水稻病虫害防治，推荐使用水基化剂型的水乳剂、微乳剂、乳油、悬浮剂、水剂。水稻病虫害防治过程中，经常使用到的可湿性粉剂、可溶性粉剂有可能会造成无人机的喷头堵塞、水泵寿命缩短等情况，所以不推荐选择使用粉剂类的农药。另外，无人机飞防作业所稀释的农药比例相对较低，所以推荐选择使用低毒低残留的化学农药，不能使用剧毒或者高残留的农药，否则可能会造成人畜中毒。在开展飞防作业时，由于无人机的飞行速度相对较快，用药量相对较少，所以推荐选择使用内吸性的化学药物，这类药物能够被作物很好地吸收，具有协同防治的效果，大大延长药物的防治周期。

（四）明确作业参数

利用农用植保无人机开展水稻病虫害防治，一定要掌握机械设备的飞行高度、飞行速度和喷洒，保证用药更加精确，避免出现重复喷药或者漏喷的现象。一般情况下，植保无人机开展水稻病虫害防治飞行高度控制在 2~2.5 米，具体的飞行速度应该依据当前的风力大小综合确定。植保无人机的飞行速度一般控制在 3~4.5 米/秒，这样能够保证防治效果。当无人机的飞行高度控制在 2~2.5 米，飞行速度控制在 3~4.5 米/秒时，无人机的喷壶控制在 4.2~4.5 米。一般每公顷的用水量控制在 15~22.5 升，保证用药量达标，提升防治成效。

（五）作业过程中的无人机操作要求

植保无人机在飞防作业之前，应该选择在空旷没有人或者很少人员经过的区域作为起降点。正式喷药之前，应该在防治区域设置警告线或者设置警戒牌，清理周边的人员。作业过程中应该按照提前制定的飞行航线和作业参数开展飞防作业，不能够随意改变航线和飞行参数，飞行距离应该控制在可视范围当中。在利用植保无人机开展病虫害防治过程中，应该时刻关注机械设备的运行情况，每一个架次的无人机降落之后，都应该对飞机的重要部件进行检查，尤其是应该重点检查旋翼的运转，掌握电池的电量，及时更换电池，避免中途停止作业影响到飞防效率。在作业过程中如果出现了摔击、信号干扰、障碍物等技术问题，应该充分了解无人机的损坏程度，满足维修条件时应该将其维修之后继

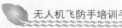

续作业，如若维修时间相对较长，需要更换备用的机械设备继续作业。

(六) 作业期间的工作人员要求

在喷药区域边缘应该设置明显的警告牌或者警戒线，非工作人员不能够进入到喷药区域。操控人员应该与无人机保持安全距离，飞行时应该远离人群，作业地如果存在其他非操控人员，严禁操控飞行。无人机在起降飞行时应该远离障碍物 5 米以上，平行飞行时应该远离障碍物 10 米以上，遇到障碍物提前减速飞行。防控范围应该严格按照提前规划好的作业方案进行操作，同时应该了解周边的设施和空中管制要求。无人机驾驶人员不能在夜间驾驶无人机，并且在操作过程中应该身穿反光工作服，全程佩戴安全帽、防眩晕眼镜，做好个人防护工作并且处于上风向处，背对阳光操作。

(七) 作业后的维护

飞防作业完成之后应该将无人机驾驶回起降点并做好整理工作，加强装备的有效整理并清洁喷头。将放完电的电池回收并及时进行充电，妥善做好电池的存放和保管工作。另外飞防作业完成之后，还需要做好田间病虫害防治效果检查工作，并结合病虫害的发生流行情况，对无人机飞防作业方案作出适当的调整，以保证防治的针对性和合理性。

四、马铃薯飞防作业

(一) 病害监测调查环节

无人机在农作物病害防治中的应用，可使病害检测工作开展更为顺利，能尽快检测出当前农作物生长过程中是否存在病害症状，从而判断出当前农作物的健康程度。对于早期的无人机植保调查来说，其主要是根据所得到的调查数据确定当前农作物营养水平、种植密度，将其与健康表格标准进行对比，从而实现对当前农作物健康状态的准确分析。而在二次调查中，则可以借助无人机对当前农作物的病状进行确定，为后续设定病害应对方案奠定基础，实现对农作物发病率的有效控制。

（二）前期药物选择与配制环节

马铃薯在生长过程中出现病虫害，往往与环境因素、农药残留等有直接关系，因此在开展马铃薯病虫害防治之前，应该先对病虫害发生的原因进行分析，结合当前病虫害的特征，实现对症下药。药物选择与配制是一个精细化过程，需要相关农业生产人员对农药种类、具体功能等有深入了解。一般来说，应该根据该地区具体的环境情况及经常发生的病虫害种类确定相应的药物种类、稀释程度。还应该注意配制可湿性粉剂、可溶性粉剂等，从而保障药物效果有效发挥。

（三）药物喷洒环节

使用无人机在马铃薯病虫害防治中进行药物喷洒，应按作业要求选择适宜的喷头和喷雾参数，控制雾滴粒径、飘移率等以取得最佳喷雾效果，保障雾滴喷洒均匀、分布面积更广并具有一定沉积量。压力式扇形喷嘴洒施药液具有中间多两侧少的特性，相邻喷嘴应保持喷幅30%以上重叠才能保障喷洒均匀。行距与有效喷幅等同，才不会出现重喷与漏喷问题。行距大于喷幅会出现漏喷，反之则会出现重喷。作业时，应对无人机的飞行高度进行有效设计，一般飞行高度控制在2~3米之间，这样可以使喷洒效果更好，降低药物浪费量。同时，还要对无人机的飞行速度进行有效控制，具体控制在2.5~5.5米/秒之间，这样可使无人机飞行稳定性得到保证，同时也使得喷洒出的药物分布更为均匀。

五、果树飞防作业

（一）气象条件

植保无人机防控果树病虫害的气象条件要求主要有以下几点：

1. 温度

温度适宜时，果树上的病虫害活动较为频繁，对其进行防控的效果会更好。一般来说，空气温度在 15℃ 以上且无风是无人机防控病虫害的适宜条件之一。

2. 湿度

湿度对果树病虫害的发生和传播及其防治都有较大影响。太干燥或过于潮湿的气候都不利于病虫害的生存和繁殖，不利于植保无人机的防控效果。

3. 风力

风力过大会影响无人机的稳定飞行和喷洒精度，也容易造成农药飘移，从而影响防控效果。因此，在选择防控作业时间时需要避开大风天气。

4. 日照

充足的日照可以提高果实的质量和数量，也有利于果树的抗病虫性、免疫力等方面的提升。因此，在阳光充足的天气下进行无人机防控是较好的选择。

（二）植保无人机操作人员要求

植保无人机操作人员应该具备以下要求：持有相关培训证书，即操作无人机需要掌握一定的飞行技能和安全知识，因此，操作人员需要接受相关的培训并通过相应的认证考试，取得无人机驾驶员等级证书。同时要熟练掌握飞行技巧，操作无人机需要熟悉其控制方式、遥控器的使用方法和各种紧急情况下的处理办法，还需要对飞行器的性能和特点有一定了解，具备一定的飞行技巧和经验。此外，还要具备地理和作业知识。操作人员需要了解作业区域的地理情况、果树的生长发育规律、病虫害的种类、危害程度和防治方法，为作业提供科学依据，确保植保无人机的防控效果达到预期。严格遵守操作规程。无人机的操作需要遵循相应的规程和标准，包括空域使用安全、飞行路径规划、应急预案等，操作人员需要严格按照规程进行作业，确保安全和效果。最后还要具备应急处置能力，在无人机作业过程中，可能会遇到各种意外情况，如电池电量不足、无线信号干扰等，操作人员需要具备相应的应急处置能力，避免事故的发生。

（三）药剂的选择与配制

在开展果树病虫害防治前，植保无人机操作人员需要进行药剂选择与配制。一是根据作物病虫害种类和危害程度选用药剂。不同的病虫害对应不同的药剂，需要根据实际情况选择合适的防治药剂。同时，还要考虑防治药剂的剂量、液体浓度等因素。二是在选用药剂时要注意对环境的影响。药剂的使用可能会对环境造成一定的影响，例如对非目标生物的影响、土壤质量的变化等，需要遵循环保原则，选择对环境影响较小的药剂。三是根据实际需要配制药剂。在进行药剂配制时，需要参考药剂的用途和使用方法，确认所需配制的液体浓度和用量，保证防治效果。四是注意对药剂的保存和运输。药剂具有一定的挥发性和腐蚀性，需要妥善保存和运输，规范使用方式，避免对操作人员或周围环境造成损害。五是遵循相关政策法规。植保无人机防治需要遵守相关的法律法规和标准，如药剂使用标准、药剂包装标识等，确保合规操作，保障人员健康与安全。

（四）确定合理的作业参数

植保无人机开展果树病虫害防治作业需要设置合适的参数，

以确保防治效果和安全性。以下是需要设置的参数。

1. 飞行高度

飞行高度需要根据果树的高度和药剂喷洒的覆盖范围来确定。通常来说,树高 1 米以下的果树建议设置在 2~5 米的高度,树高 1 米以上的果树建议设置在 5~8 米的高度。

2. 飞行速度

飞行速度需要根据果树病虫害的种类和程度来确定。速度过快会导致防治药剂过度稀释,速度过慢则会降低作业效率。一般来说,飞行速度建议设置在 3~8 米/秒。

3. 喷洒量

喷洒量需要根据果树的大小、形状和病虫害的类型、密度来确定。一般来说,树冠较小的果树建议设置在 $5 \sim 10$ 毫升/米^2,树冠较大的果树建议设置在 $10 \sim 20$ 毫升/米^2。

4. 防护措施

开展植保无人机防治作业时需要注意安全防护,例如穿戴防护服、手套、面罩等,避免药剂对人体造成伤害。同时,应保证作业现场的标识和警示,并在飞行期间保持通讯联络。

(五) 作业后的效果检查

植保无人机开展果树病虫害防治后,需要进行效果检查以评估作业的效果,并根据检查结果对作业参数和流程进行优化和改进。在作业后一段时间内,观察果树的病虫害情况,观察病虫害是否得到了有效控制和治疗。如果果实颜色鲜艳、形态完整、生长健康,且果树无异常现象,则说明植保无人机的防治效果较好。检测果实、土壤等其中的药剂残留量,确保药剂使用量适当,不会对环境和人体造成伤害。使用可靠的监测设备,如红外线传感器、显微镜等,评估果树的病虫害情况,并检测是否达到了预期效果。将植保无人机的防治效果与传统的手动操作相比较，研究是否能够提高效率、降低成本并达到更好的防治效果。

六、冬小麦封闭除草

（一）时间选择

通常来说，封闭式除草剂想要发挥作用就要渗入杂草的发芽圈土壤中，在杂草发芽后对其进行灭杀。而最佳的打药时间是在雨后或露水较大的早晨，可以选择温度在最佳吸收范围（10~24℃）之内的早晨或傍晚，另外，也可以选择在春季小雨前播种，在小雨过后喷洒封闭除草剂，土壤不那么干燥，更容易使喷洒在其表面的药滴均匀分布，但雨水不能太大，否则会使药液随水流走，或被明水稀释，随水沉降到土中。

封闭除草剂施用要早。封闭处理要尽可能在杂草出土前，这样能够保证良好的除草效果，避免因为杂草出土后敏感性降低，而失去药剂所应有的效果。

（二）药剂使用

选择合适的药剂。根据作物的类别、生长习性、地区特点、杂草发生特点选择合适的除草剂，如使用不合适的药剂可能容易产生药害。

用药要适当。不同地区土质不同，除草剂的用量不同。例如，在覆地膜的作物田由于除草剂在地膜中挥发后仍然会留在土壤表面。所以在上茬覆地膜的地块应适当减少用药量，而在一季多茬的作物田，应适当增加药量，否则容易被麦茬、灰尘等吸附。

（三）喷施技术

运用无人机进行冬小麦封闭除草飞防作业，在选择恰当的作业时间，正确使用除草剂的基础上，更重要的是除草剂的安全喷施。

喷施技术要好。风会加重空气干旱、土壤干旱，使药液无法更好地附着在土面，更为严重的是风可使药液飘移，破坏封闭土层，形成风蚀，造成除草效果不稳定。因此，在小麦除草作业时，必须远离对小麦除草剂有不良反应的作物，且在测量定位时需观察周边其他作物的种类、与作业点的距离，以及作业时的风向和风力。

无风作业时，必须远离其他作物20米以上；如果风力3级左右，需保持50米以上距离；如果无人机在上风，应选择待无风后再作业。另外，喷药要避免重喷或漏喷，喷液量充足，才能保证良好的封闭效果。有些除草剂在施用后要避免光解，所以要及时覆土，并注意是否需要灌水。

无人机封闭除草应注重喷洒的准确性。封闭除草就像一个装米的袋子，如果有缝隙，不管缝隙多大，米都会撒出来。无人机封闭除草，对环境要求确实更加严格，因为下压风力，干燥的土壤会被吹散，也就无法"成膜"了，所以一定要在土地潮湿时进行作业。作业时，适当增加喷洒量，放慢速度，尽量让药剂在土壤表面均匀成膜、减少飘移、保证沉降。

冬小麦封闭除草有利于简化苗后除草工作，降低小麦除草经济成本，应用前景可观。但在运用喷洒无人机进行封闭除草作业时，一定要认真负责，严格遵循飞防作业规范，同时，合理安排作业时间，正确使用除草药剂。

七、无人机香梨授粉作业

无人机授粉主要有两种方式，一种是喷洒授粉，另一种是播撒授粉。

（一）喷洒授粉

喷洒溶液配制方法如下：配制溶液需要用白糖作为助剂，白糖的主要作用是维持花粉在溶液中的渗透压，喷洒时增加花粉的附着率，提升授粉效果，还可以为香梨树补充营养。在配制时需要用温的纯净水化开，1 000克纯净水加入100克白糖。

花粉在冷冻环境中取出后需要约6小时恢复活性，尽量在8小时内作业完毕。喷洒花粉的亩用量一般为6~10克，配制溶液时建议使用纯净水，其他水易产生结块，影响花粉活性，导致授粉效果变差。花粉要现配现用，尽量在20分钟内作业完毕。

（二）播撒授粉

播撒授粉配制如下：播撒作业时每亩播撒10~20克花粉，需要使用玉米淀粉和花粉混合播撒。淀粉和花粉的混合比例为149：1（按照亩用量1 500克、淀粉1 490克、花粉10克计算），且必须混合均匀。

无人机授粉两种作业方式的注意事项：果树地块中间有缺苗或大面积空地时，建议关闭雷达定高，使用气压计定高，此时设定的飞行高度变为果树高度+建议飞行的高度。授粉适宜温度为12~25℃，应避开中午高温天气，且在3级风以下作业。

第六章 植保无人机维护保养

第一节 植保无人机的维护制度

植保无人机作为一个精密的高科技产品，任何部件的微小变动都会影响其飞行状态和使用寿命。为了保障植保无人机能够长时间的稳定工作，除了要按照正确的方式操作和使用以外，日常的维护保养和检查也是至关重要的。

一、日常维护

作业前，要检查药箱是否漏水，作业后清洗药箱，并用湿毛巾擦拭机架、脚架。

每次使用后，清理电机上的杂物、污渍，可提高运转效率与散热能力。切不可用尖锐物品接触电机内部铜线。

每次使用后请用清水将药箱、喷头进行清洗，桨叶、机架使用软布清洁（切记勿将水洒到飞控、电调、插头及其他电子元件上）。

每次使用后请仔细检查无人机上使用的螺旋桨是否有裂纹和断折迹象，电机是否保持水平状态，以及所使用的电池表面有无孔洞和被尖锐东西刺穿的现象，若出现上述现象，则即时进行修复和更换（螺旋桨更换必须成对更换，不可只换单边）。如螺旋桨过松，可能需要更换垫片。

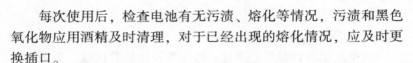

每次使用后，检查电池有无污渍、熔化等情况，污渍和黑色氧化物应用酒精及时清理，对于已经出现的熔化情况，应及时更换插口。

尽量在电池剩余 15% 之前落地。电池电压下降过快，控制不好就导致过放，轻则损伤电池，重则电压太低造成炸机。

清洗和检查完成后，将各个螺旋桨用桨套固定在无人机上，然后将整机放置在不易碰撞的地方保管，以便下次作业的使用。

二、定期维护

每隔 1 周需仔细检查无人机各个部件以及配件是否完好，每隔 1 周需仔细检查遥控器是否完好。使用前和存放期间（每隔 1个月）仔细检查无人机机体是否松动，连接部分是否牢固，螺丝是否紧固，螺旋桨是否松动，尤其是电机是否松动。

三、年度维护

作业季结束后，建议距离不远且方便运输的地方将无人机返厂进行系统的保养维护。

第二节　飞行后的检查

一、油量检查计算记录

（一）油位查看

1. 常见油箱

早期航空模型发动机大都自带简单油箱，给使用者带来很大方便。随着模型飞机种类的增加和无人机的发展，发动机自带油箱已不能满足要求，需要专门制作合适的油箱。常见的油箱有以下几种。

（1）简单油箱

简单油箱由容器和出油管、通气管及注油管组成，如图6-1所示。更为简单的是在容器的顶面钻两个孔，将塑料油管从一个孔插入到容器底部，就可以使用了。这种油箱是依据模型飞机机身的截面形状制作的，常用的形状有立方体、圆柱体和棱柱体等。油箱大多用金属薄板焊成，也可以用塑料瓶改制，如图6-2所示。

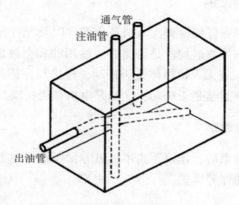

图6-1 金属板焊制的简单油箱

（2）特技油箱

这种油箱装有两根通气管：一根用于正常飞行；另一根用于倒飞，在倒飞时保证供油。模型飞机在地面加油时，倒飞通气管用作注油管。特技油箱一般为金属片焊成，如图6-3所示。

（3）压力油箱

压力油箱如图6-4所示，将一定压力的气体充入压力油箱，即可向发动机加压供油。当充入气体的压力足够大时。便可缓解或消除油箱油量消耗前后的液位差对发动机工作稳定性的影响。

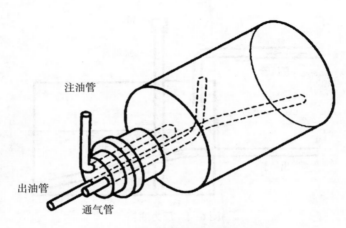

图 6-2 塑料瓶改制的简单油箱

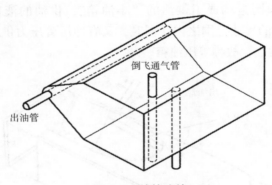

图 6-3 特技油箱

压力供油的特点是油箱封闭。前面几种油箱在注满油后将注油口封闭，将通气口与压力气源相接，即可成为压力油箱，实现压力供油。

等压油箱也称吸入式恒压油箱，是压力油箱的一种，如图 6-5 所示。其特点是出油管和冲压管进入油箱的部分两管是靠在

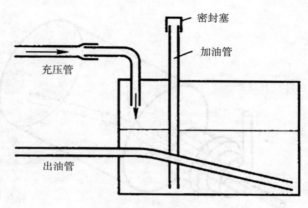

图 6-4 压力油箱

一起伸向油箱后外方，且充气管略短于出油管。这样的结构在油箱内两管口附近构成了供油的"小油箱"，供油的液位差便在"小油箱"的尺寸范围之内；同时，又有冲压管压力供油，供油液位差非常小，故称等压油箱。

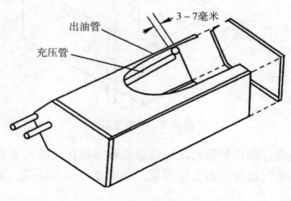

图 6-5 等压油箱

2. 油箱安装位置

油箱应尽量靠近发动机，以减少无人机飞行姿态变化时油箱液位的变化量，如图 6-6 所示。

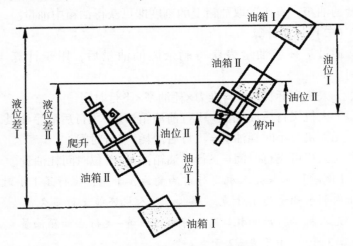

图 6-6　油箱位置与液位差

油箱装满混合油后的油面应与发动机汽化器喷油嘴或喷油管中心持平或稍低，如图 6-7 所示。

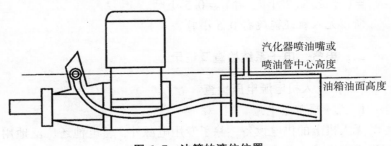

图 6-7　油箱的液位位置

3. 油量读取

对于没有刻度的油箱，首先通过手摇泵、电泵或注射器把油箱内的油转入量杯内，通过读取量杯的示值来获得油量。对于有刻度的油箱，直接读取油箱上的刻度即可获得油箱中油量。

（二）油量计算

通过量杯或油量表获得剩余燃油油量后，用于计算飞行时间。

无人机实际耗油量＝推力×耗油率×飞行时间。

无人机飞行后油耗量＝飞行前油箱油量－飞行后油箱油量。

无人机每小时耗油量＝飞行后油耗/飞行时间。

无人机可飞行时间＝飞行后油箱油量/单位时间耗油量。

【例题】如果无人机飞行前油量为 3 千克，飞行了 1 小时后，油箱内剩余油量为 1 千克。那么，无人机还能飞行多久？

无人机飞行后油耗＝飞行前油箱油量－飞行后油箱油量

＝3 千克－1 千克＝2 千克；

无人机每小时耗油量（千克）＝飞行后油耗/飞行时间

＝2 千克/1 小时＝2 千克/时；

无人机可飞行时间＝飞行后油箱油量/每小时耗油量

＝1 千克/（2 千克/时）＝0.5 小时。

所以无人机还能飞行 0.5 小时。

二、电气、电子系统检查及记录

（一）无人机电源电压检查

1. 无人机常用电池

无人机上的供电设备，除了专用电源外，蓄电池还广泛地用于无人机启动引擎和辅助动力装置，也为必要的航空电子控制设备提供支撑电源，为保障导航设备和飞行线路计算机做不间断电源，鉴于这些功能对执行飞行任务都非常重要，所以对无人机电源首要的要求是安全可靠，性能必须稳定耐久，能为无人机在各种应急环境下维持航行控制系统工作提供支持。目前应用在无人机上的电源主要有太阳能电池和锂离子电池等。

①锂电池。锂电池用于小型无人机电力发动机。

②蓄电池。当需要更大的功率时就从蓄电池里提取能量。

③太阳能电池。太阳能无人机是利用太阳光辐射能作为动力在高空连续飞行数周以上的无人驾驶飞行器，它利用太阳能电池将太阳能转化为电能，通过电动机驱动螺旋桨旋转产生飞行动力。白天，太阳能无人机依靠机体表面铺设的太阳能电池将吸收的太阳光辐射能转换为电能，维持动力系统、航空电子设备和有效载荷的运行，同时对机载二次电源充电；夜间，太阳能无人机释放二次电源中储存的电能，维持整个系统的正常运行。

2. 蓄电池编号规则

蓄电池的型号都是按照一定标准来命名的，在国内市场上使用的蓄电池型号主要是按照国家标准以及日本标准、德国标准和美国标准等命名的，下面来介绍一下如何识别各类电池编号。

（1）国家标准蓄电池

以型号为6-QAW-54a的蓄电池为例，说明如下。

——6表示由6个单格电池组成。每个单格电池电压为2伏，即额定电压为12伏。

——Q表示蓄电池的用途。Q为汽车启动用蓄电池、M为摩托车用蓄电池、JC为船舶用蓄电池、HK为航空用蓄电池、D表示电动车用蓄电池、F表示阀控型蓄电池。

——A和W表示蓄电池的类型。A表示干荷型蓄电池，W表示免维护型蓄电池，若不标表示普通型蓄电池。

——54表示蓄电池的额定容量为54安时。充足电的蓄电池，在常温下，以 20 小时进行（度量蓄电池放电快慢的参数）放电，蓄电池对外输出的电量。

——a 表示对原产品的第一次改进，名称后加 b 表示第二次改进，以此类推。

（2）日本 JIS 标准蓄电池

在 1979 年时，日本标准蓄电池型号用日本 Nippon 的 N 为代表，后面的数字是电池槽的大小，用接近蓄电池额定容量的数字来表示，如 NS40ZL。

——N 表示日本 JIS 标准。

——S 表示小型化，即实际容量比 40 安时小，为 36 安时。

——Z 表示同一尺寸下具有较好启动放电性能，S 表示极柱端子比同容量蓄电池要粗，如 NS60SL。（注：一般来说，蓄电池的正极和负极有不同的直径，以避免将蓄电池极性接反。）

——L 表示正极柱在左端，R 表示正极柱在右端，如 NS70R。（注：从远离蓄电池极柱方向看。）

到 1982 年，日本标准蓄电池型号按照新标准来执行，如 38B20L（相当于 NS40ZL）。

——38 表示蓄电池的性能参数。数字越大，表示蓄电池可以存储的电量就越多。

——B 表示蓄电池的宽度和高度代号。蓄电池的宽度和高度组合是由 8 个字母中的一个表示的（A 到 H），字符越接近 H，表示蓄电池的宽度和高度值越大。

——20 表示蓄电池的长度约为 20 厘米。

——L 表示正极端子的位置。从远离蓄电池极柱看过去，正极端子在右端的标 R，正极端子在左端的标 L。

（3）德国 DIN 标准蓄电池

以型号为 61017 MF 的蓄电池为例，说明如下。

——开头 5 表示蓄电池额定容量在 100 安时以下，开头 6 表示蓄电池容量在 100 安时与 200 安时之间，开头 7 表示蓄电池额定容量在 200 安时以上。例如，61017 MF 蓄电池额定容量为 110安时。

　　——容量后两位数字表示蓄电池尺寸组号。

　　——MF 表示免维护型。

　　（4）美国 BCI 标准蓄电池

　　以型号为 58430 的蓄电池为例，说明如下。

　　——58 表示蓄电池尺寸组号。

　　——430 表示冷启动电流为 430 安培。

　　如果说无人机上的油路如同人体内的血管，那么无人机上的电路就应该比作人体内的神经，给机体内神经（无人机上电路）提供动力的则是蓄电池。因此需要通过对无人机蓄电池类别和型号的认识，选择一款最为合适的电源。

　　3. 电源电压检查

　　对于无人机飞行后的电量检查，主要包括机载电源和遥控器电源电压和剩余电量的检查，其中机载电源包括点火电池、接收机电池、飞控电池和航机电池。

　　根据蓄电池的标准读取编号并进行记录。

　　拔下控制电源、驱动电源、机载任务电源等快接插头；将快捷便携式电压测试仪的快接插头连接到上述各个电源快接插座上；读取数字电压表数值；记录数字电压表数值，如果飞行前电压是 7 伏，飞行后电压是 6 伏，则说明电池运行正常，若飞行后电压是 4 伏，超出了蓄电池的正常工作电压，则说明电池已损坏，需及时更换。

　　（二）电子系统运行检查

　　无人机上装有自动驾驶仪、遥控装置等电子系统，无人机上电后，要观察各个电控装置运行是否正常，各指示灯显示是否正常。主要包括以下几点。

①检查绝缘导线标记及导线表面质量及颜色是否符合相关要求。

②用放大镜检查芯线有无氧化、锈蚀和镀锡不良现象，端头剥皮处是否整齐、有无划痕等。

③检查线路布设是否整齐、无缠绕，若有问题要详细记录。

④检查电池与机身之间是否固定连接，接收机、GPS、飞控等机载设备的天线安装是否稳固，接插件连接是否牢固。

三、喷洒系统的检查

取下水箱，观察密封圈是否有较大变形，密封面破损，若有，请立即更换，否则会造成进空气等故障。

拆下水箱下部旋盖，取下滤网和对应密封圈，检查滤网是否堵塞，对滤网进行清洗。

检查水箱内部的两个液位计，使用清水进行清洁并检查是否有腐蚀现象。

检查喷洒系统（水箱、水泵、流量计等）几处管道接头处是否松动，管道是否有破裂，若有破损，请立即更换，否则会造成进空气等故障。

观察泄压阀是否渗水，若存在问题，及时更换两处的密封垫片。

检查喷嘴雾化情况，如出现雾化不佳应彻底清洁或更换新喷嘴。

四、机体检查及记录

(一) 机体外观检查

1. 无人机机体结构及损伤

无人机机翼翼梁采用主梁和翼型隔板结构，受力蒙皮普遍设计成玻璃钢结构，玻璃钢材料的特点是韧性好，裂纹扩散较慢，出现裂纹后容易发现。

无人机机身采用框板结构，部分翼面的梁、少数加强肋多用木质材料制成，而且承受集中力。木质材料（层板）韧性大，断裂过程比较长，产生裂纹后较容易发现。

机身罩在周边上通过搭扣与第一框连接。第一舱设备支架在端部 4 个角上与 4 根机身梁前端的金属加强件用螺纹连接，与第一框之间为胶接加螺栓连接。第五框与机身板件之间胶接，与机身后梁金属接头用螺纹连接。

金属结构元件材料热处理状态的设定，零件形状等细节设计均遵循了有人飞机的设计准则。从材料及连接方式上看，无人机结构的抗疲劳性能较好，出现裂纹、脱胶时容易发现。

铆接结构的金属梁使用久了铆钉可能松动，腹板、缘条可能产生失稳、裂纹，或严重的锈蚀；机身壁板及机身大梁变形或产生裂纹；设备支架与大梁及框板的连接产生开胶；木质框板裂纹甚至折断，机身板件胶接面开胶。

2. 机体检查

检查前把机体水平放置于较平坦位置。

逐一检查机身、机翼、副翼、尾翼等有无损伤，修复过的地方应重点检查。

逐一检查舵机、连杆、舵角、固定螺钉等有无损伤、松动和变形。

检查重心位置是否正确，向上提伞带使无人机离地，模拟伞降，无人机落地姿态是否正确。

（二）部件连接情况检查

1. 各分部件检查

（1）弹射架的检查

采用弹射起飞的无人机系统，应检查弹射架（表 6-1）。此处弹射架特指使用轨道滑车、橡皮筋的弹射机构。

表 6-1　弹射架检查项目

检查项目	检查内容
稳固性	支架在地面的固定方式应因地制宜，有稳固措施，用手晃动测试其稳固性
倾斜性	前后倾斜度应符合设计要求，左右应保持水平
完好性	每节滑轨应紧固连接，托架和滑车应完好
润滑性	前后推动滑车进行测试，应顺滑；必要时应涂抹润滑油
牵引绳	与滑车连接应牢固，应完好、无老化
橡皮筋	应完好、无老化，注明已使用时间
弹射力	根据海拔高度、发动机动力，确定弹射力是否满足要求，必要时测试拉力
锁定机构	用手晃动无人机机体，测试锁定状态是否正常
解锁机构	应完好，向前推动滑车，检查解锁机构工作是否正常

（2）起落架部件的目视检查

不管是日常维护，还是定期检查，检查质量的高低直接影响无人机是否安全，检查质量高会杜绝许多安全隐患。

要严格按照工作单卡来进行检查，增强责任心，提高检查标准，做到眼到、手到。比如，在检查起落架的一些拉杆、支撑杆、支架等部件时，要用手推拉晃动结合检查。

因无人机在着陆过程中，起落架受到地面冲击载荷的作用，一些紧固件会松动或丢失，从而加速磨损和损坏。因此，在目视检查时一定要认真仔细，有些紧固件是由油漆封标志，检查时若发现错位，紧固件必然松动。

2. 部件连接检查

部件连接情况的检查主要是检查无人机机身、机翼、尾翼和起落架之间的连接是否松动，紧固是否牢靠。

①逐一检查机翼、尾翼与机身连接件的强度、限位是否正常，连接结构部分是否有损伤。

②检查螺旋桨是否有损伤，紧固螺栓是否拧紧，整流罩安装是否牢固。

③检查空速管安装是否牢固，胶管是否破损、无老化，连接处是否密闭。

④检查降落伞是否有损伤，主伞、引导伞叠放是否正确，伞带是否结实、无老化。

⑤检查伞舱的舱盖是否能正常弹起，伞舱四周是否光滑，伞带与机身连接是否牢固。

⑥检查外形是否完好，与机身连接是否牢固，机轮旋转是否正常。

五、机械系统检查及记录

（一）舵机的检查

舵机需要检查的位置如下。

①舵机输出轴正反转之间不能有间隙，如果有间隙，用旋具拧紧其顶部的固定螺钉。

②舵机旋臂与连杆（钢丝）之间的连接间隙小于 0.2 毫米，即连杆钢丝直径与旋臂及舵机连杆上的孔径要相配。

③舵机旋臂、连杆、舵面旋臂之间的连接间隙也不能太小，以免影响其灵活性。

④舵面中位调整，尽量通过调节舵机旋臂与舵面旋臂之间连杆的长度使遥控器微调旋钮中位、舵机旋臂中位与舵面中位对应，微小的舵面中位偏差再通过遥控器上的微调旋钮将其调整到中位。尽量使微调旋钮在中位附近，以便在现场临时进行调整。

（二）舵面的检查

①舵面经过飞行后是否有破损，破损程度小可以用膜材料和黏合剂修复，破损程度大的则需要更换。

②舵面骨架是否有损坏，如果损坏，建议更换。

③舵面与机身连接处转动是否灵活或脱离，有脱离的应用相应的材料进行连接。

六、发动机检查及记录

（一）发动机固定情况的检查

以活塞式无人机发动机为例，很多以凸耳或凸缘用螺钉与无人机机架连接并紧固。凸耳安装在机匣两侧，对称布置。用四颗螺钉，每侧两颗，将发动机紧固于平行外伸机架上，如图6-8所示。

固定发动机的螺钉常用圆柱头螺钉和半圆头螺钉，最好用圆柱头螺钉，也可用一字槽圆柱头或内六角圆柱头螺钉。发动机带有消声器及螺钉直径较大时，最好用内六角圆柱头螺钉。

（二）螺旋桨固定情况的检查

对于所有类型的螺旋桨，在飞行前都要对螺旋桨桨毂附近进行滑油和油脂的泄漏检查，并检查整流罩以确保安全。整流罩是一个典型的非运转部件，但必须安装到位，以产生适当的冷却气流。还要检查桨叶过量的松动（但要注意有些松动被称为桨叶微

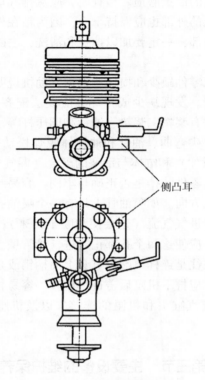

侧凸耳

图6-8 发动机紧固

动，属于设计中固有的），无论何时在螺旋桨及其附近工作，要避免进入螺旋桨旋转的弧形区域内。

（三）发动机的检查

①直观检查，了解这台发动机的型号和以往使用、存放情况，新旧程度和主要问题。

②检查发动机的清洁程度，对于发动机来说，清洁是非常重要的。只要有哪怕是极少的脏物或沙土进入发动机内部，运转后

都会引起发动机的严重磨损。检查时，应从排气口和进气口等地方着手；发动机的外部也应保持干净，因为粘在外面的脏物很容易掉入发动机内部，一定要加以擦拭和清洗，去除油污、脏物或沙土。

③检查有无零件缺少和损坏，根据发动机说明书或前面介绍的内容进行检查。发现缺少或损坏，应设法配齐、调换或修理。容易短缺的零件有桨帽、桨垫、油针和调压杆等。容易损坏的部位包括油针（针尖弯曲、油针和油针体脱焊松动等）、各处螺纹配合（松动或滑牙）和缸体与活塞的配合（漏气）等。

④检查各个零件装得是否正确与牢固，容易装错的地方是喷油管上的喷油孔方向。如喷油管上只有一个喷油孔，此孔应对向曲轴，不能对着进气气流（这会使油喷不出来）；有的喷油管上有两个喷油孔，应使这两个孔都正对进气管管壁。如转动曲轴而活塞不动，这往往是连杆下端没有套上曲柄销或是连杆折断等原因引起的，此时应拧下机匣后盖进行检查。容易拧得不牢或不紧的地方是汽缸或汽缸头和机匣的连接，以及机匣后盖和机匣的连接。

第三节　主要设备的维护保养

一、电池的维护保养

在植保无人机的维护保养中，对电池的维护保养是最重要的环节，一定要谨记这些原则"不过充、不满电保存、不损坏外皮、不短路"，在日常维护和作业中时刻关注电池的状态，及时检查，出现问题及时维修或进行报废，以免产生更严重的影响。

（一）电池不能过放

电池电压快速下降，无法有效控制就会导致电池过放，轻则会有损电池，电压过低的话就会造成炸机。在无人机电池数量少的情况下，不应过长时间地飞行，这会导致电池出现过放情况，进而大大缩短了电池寿命，应该保持正常的飞行时间或者多买几块电池。相关操作人员应遵守电池的使用要求，在飞行时飞行器发出低电量警报时就应该及时降落。

（二）电池不能过充

无人机常用的电池都是锂电池，锂电池过充的话会产生严重的后果，轻则会缩短电池寿命，严重则直接会爆炸起火。部分充电器经过一段时间的使用后，元器件会出现老化的情况，进而容易导致已经满电，但未停止充电的情况，这种时候就需要专业智能平衡充电器，同时也需要相关人员定时检查充电器，提升电池的充电质量和效率。

（三）电池不在满电状态下长时间存放

长时间满电状态下存放会发生电池胀气的可能性，电池胀气就会致使电池报废。电池 LED 灯亮 2~3 个的时候是最佳的保存状态，下次作业前直接将电池充满即可。3 个月都没使用电池，应该对电池进行一次充放电之后再保存起来，有利于延长电池的使用寿命。

（四）电池放置安全

对于植保无人机电池应该轻拿轻放。电池的外皮有着防止漏电起火和爆炸的功能，如果电池外皮有破损就会引起爆炸或电池起火。固定电池在飞机上的过程中应注意将纽扣扣紧药箱，要是没扣紧的话，在飞机摔机或进行大动态飞行时，导致电池脱落，容易造成外皮破损。

（五）电池存放安全

极端的温度会影响电池的寿命以及性能，最好将电池存放在阴凉的环境中。若对电池进行长期存放的话，放在密封的防爆箱内是最好的选择，存放电池的环境温度在 10~25℃ 最适宜，同时也需要保持干燥，禁止接触腐蚀性气体。

（六）电池运输安全

运输电池时应注意避免摩擦和磕碰，否则会有引起电池均衡线短路的可能，短路会引起起火爆炸或电池打火。也需要多注意电池的正极和负极，避免接触导电物质而引起短路。将电池装入自封袋之后放进防爆箱是最好的运输电池的办法。

（七）远离农药

农药属于化学制剂，具有一定的腐蚀性，因而应做好电池的外部防护。错误的使用方法也会导致农药腐蚀到电池插头，相关人员在任何情况下都应该避免农药对电池的腐蚀。放置电池时一定要远离农药，减少农药和电池的接触。

（八）电池混用

无人植保机尽量不将电池混合使用，一般情况电池混用的情况包括新电池和旧电池同时使用以及不同电量的电池一起使用。电池混用会导致降低电池性能，降低电池的续航能力，缩短电池的使用寿命以及电池过放。因此，在使用电池的过程中，应多加注意：编组使用 2 个 6S 电池；供电时最好直接使用 1 组 12S 电池；作业前也需要检查电量是否一致。

（九）正确保养电池

需要定期对电池进行检查，注意电池主体、线材、把手等各个部件，自行观察外观是否有问题，还需要关注无人机接插和插头有没有过松的情况。作业结束之后，也需要及时擦干电池表面和电源插头，避免农药残留腐蚀电池。飞行电池最合适的充电温度范围在 5~40℃，因此，在电池温度过高的情况下应等待其温度下降到 40℃ 以下再进行充电。

在夏季时，高温下拿回电池或者电池在高温户外放电之后都不要马上进行充电，等电池温度降下来之后才可以对电池进行充电，进而有效延长电池的使用寿命。电池不应该在阳光下暴晒。在冬季时，应对放电后的电池采用保温措施，需要维持电池的温度在5℃以上，低温会导致续航时间变短，发出低电警报之后需要及时让无人机返回降落。

（十）电池应急处置

如果电池在充电站发生起火，相关人员应先切断电源，然后使用火钳或者是石棉手套将燃烧的电池从充电站上摘下来，然后放在消防沙桶中或地上，再用石棉毯盖住燃烧的火苗，再将消防沙盖在石棉毯上将空气隔离。如果要将使用殆尽的无人机电池报废，需要将电池用盐水浸泡72小时以上，致使电池完全放电之后再晾干做报废处理。

二、机体的维护保养

（一）机体的清洁保养

无人机腐蚀的控制和防护是一项系统工程，其过程包括两个方面：补救性控制和预防性控制。补救性控制是指发现腐蚀后再设法消除它，这是一种被动的方法。预防性控制是指预先采取必要的措施防止或延缓腐蚀损伤扩展及失效的进程，尽量减小腐蚀损伤对飞行安全的威胁。腐蚀的预防性控制又分设计阶段、无人机制造阶段和使用维护阶段。因此，无人机腐蚀的预防性维护也是保持无人机的安全性和耐久性的一项重要任务。下面主要介绍预防无人机腐蚀的外场维护方法。

1. 定期冲洗无人机表面的污染物

无人机在使用过程中不可避免地会积留沙尘、金属碎屑以及其他腐蚀性介质。由于这些物质会吸收湿气，加重局部环境腐蚀，因此，必须清除污物，定期清洗无人机，保持无人机表面洁

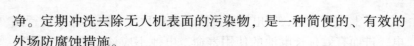

净。定期冲洗去除无人机表面的污染物，是一种简便的、有效的外场防腐蚀措施。

（1）无人机机体的冲洗

冲洗不仅美化了无人机形象，而且也减少产生腐蚀的外因。冲洗能去除堆集在无人机表面上的腐蚀性污染物（如无人机飞行期间所接触到的废气、废水、盐水及污染性尘埃等），从而减缓了腐蚀。

无人机的冲洗，要遵循以下原则。

①冲洗无人机所用的清洗剂为维护手册所指定，应是对漆膜不会带来有害影响的水基乳化碱性清洗剂、溶剂型清洗剂。要严格掌握使用浓度，使用不合适的或配制不当的清洗剂，会产生新的腐蚀。

②用清水彻底清洗无人机表面和废气通道的内部区域。若气温在零度以下不能用水清洗，应使用无水、清洁的溶剂清洗表面，然后用清洁的布擦干。

③在气候炎热时，应尽可能在阴凉通风的地方清洗无人机，以减少机体表面裂纹的出现。

④在冲洗过程中，会冲洗掉部分的润滑油、机油、密封剂和腐蚀抑制化合物，同时高压软管有可能将冲洗液冲进缝隙和搭接处，从而带来新的问题。因此，无人机冲洗后应重新加润滑油。重新加、涂的周期将受冲洗次数和清洗液的清洗强度影响。要十分注意彻底清洗和干燥缝隙处及搭接处。

⑤冲洗次数要适度，不是"多多益善"。无人机的冲洗周期由飞行环境和无人机被污染的程度决定。

（2）酸、碱的清除

酸、碱来自电池组仓内（充电和维护过程），来自日常维护工作中广泛使用的酸性、碱性、腐蚀产物去除剂和无人机清洗剂等。

①酸的清除。金属表面的褪色及金属表面呈白、黄、褐色等迹象（不同的酸溢到不同金属表面上，沉积色不同），表明可能受到酸侵蚀并应立即调查落实，可采用20%碳酸氢钠溶液中和。

②碱的清除。可采用5%醋酸溶液或全浓度食醋，用刷子或抹布涂敷在碱外溢区以中和碱的作用。

注意事项：对接缝和搭接处要倍加注意。若酸、碱已侵蚀到接缝和搭接处，应施压冲洗。清洗并干燥外溢区域后，涂敷缓蚀剂。

2. 加强润滑

接头摩擦表面、轴承和操纵钢丝的正常润滑十分重要，在高压冲洗或蒸汽冲洗后的再润滑也不容忽视。润滑剂除了能有效防止或减缓功能接头和摩擦表面的磨蚀外，对静态接头的缝隙腐蚀的防止或减缓作用也很大。对静态接头在安装时使用带缓蚀剂的润滑脂包封。

3. 保持无人机表面光洁

无人机表面的光洁与否，将直接影响到机件的腐蚀速率。表面如果粗糙不平，与空气接触面积将会增大，也会加大尘埃、腐蚀性介质和其他脏物在表面的吸附，从而促进腐蚀的加快。

（二）机翼、尾翼的更换

机翼、尾翼与机身连接件的强度、限位不正常，连接结构部分有损伤时，需要对机翼、尾翼进行更换。更换步骤如下。

①将机身放置于平整地面，拧下尾翼螺钉，卸下已经损害的尾翼、尾翼插管及定位销。

②安装新的尾翼插管及定位销，安装尾翼并固定尾翼螺钉。

③将与机翼连接的副翼线缆及空速管断开。

④拧下机翼固定螺钉，卸下已经损害的机翼及中插管。

⑤安装完好的中插管及机翼，固定机翼螺钉。

⑥连接空速管及副翼舵机。

（三）起落架的更换

因无人机在着陆过程中，起落架受到地面冲击载荷的作用，一些紧固件会松动或丢失，从而加速磨损和损坏。除此之外，因起落架起落次数多，或者装载质量重，也会使部件产生疲劳裂纹，或使裂纹扩展。起落架损坏过于严重时，需要对其进行更换。操作步骤如下。

①松开起落架与机身底部的螺钉。

②取下起落架。

③修整起落架或更换新的起落架。

④更换已经磨损的轮子。

⑤将修好或新的起落架重新用螺钉固定到机身底部。

三、发动机的维护保养

（一）发动机的拆装

应准备好工具。此外还要有一个盛放拆卸下来的零件及螺钉的盒子，防止碰坏或丢失。

先将无人机机身固定，用相关工具卸下连接发动机和无人机机体的螺钉，并将螺钉、螺帽、垫片等放于盛放零件的盒子内。

螺钉都拆卸完后，把发动机从无人机机身中拿出，放于平坦处。

发动机完成维护保养后，将发动机安装回原位。

（二）螺旋桨的更换

螺旋桨安装，将螺旋桨装在发动机输出轴前部的两个垫片间，转动曲轴使活塞向上运动并开始压缩，同时将螺旋桨转到水平方向，然后用扳手（不能用平口钳）拧紧桨帽，并把螺旋桨固定在水平方向上。经验证明，螺旋桨固定在水平方向，有利于拨桨启动；当无人机在空中停车后，活塞被汽缸中气体"顶住"不能上升，螺旋桨也就停止在水平位置上，这就大大减少了模型下滑着陆时折断螺旋桨的可能性。因此，要养成在活塞刚开始压缩时将螺旋桨装在水平方向的习惯。注意不要将螺旋桨装反了。桨叶切面呈平凸形，应将凸的一面靠向前方。

参考文献

曹庆年，刘代军，林伯阳，等，2021. 无人机植保应用技术 ［M］. 北京：清华大学出版社.

崔胜民，2017. 轻松玩转多旋翼无人机 ［M］. 北京：化学工业出版社.

何平，2022. 植保无人机应用技术 ［M］. 北京：中国农业出版社.

陶波，王崇生，洪峰，2022. 无人机农业飞防应用技术 ［M］. 北京：化学工业出版社.

许文博，魏冲，陈莉，2020. 植保绿色防控与无人机应用技术 ［M］. 北京：中国农业科学技术出版社.

周斌，刘晶，冯波，等，2023. 无人机原理、应用与防控 ［M］. 北京：清华大学出版社.

参考文献